Tasty Food

食在好吃

营养排毒
家常菜275例

甘智荣 主编

江苏凤凰科学技术出版社 凤凰含章

图书在版编目（CIP）数据

营养排毒家常菜275例 / 甘智荣主编 .— 南京：江苏凤凰科学技术出版社，2015.10

（食在好吃系列）

ISBN 978-7-5537-4296-0

Ⅰ.①营… Ⅱ.①甘… Ⅲ.①家常菜肴－保健－菜谱
Ⅳ.① TS972.161

中国版本图书馆 CIP 数据核字 (2015) 第 065578 号

营养排毒家常菜275例

主　　编　甘智荣
责任编辑　樊　明　　葛　昀
责任监制　曹叶平　　周雅婷

出版发行　凤凰出版传媒股份有限公司
　　　　　江苏凤凰科学技术出版社
出版社地址　南京市湖南路 1 号 A 楼，邮编：210009
出版社网址　http://www.pspress.cn
经　　销　凤凰出版传媒股份有限公司
印　　刷　北京旭丰源印刷技术有限公司

开　　本　718mm × 1000mm　1/16
印　　张　10
插　　页　4
字　　数　250千字
版　　次　2015年10月第1版
印　　次　2015年10月第1次印刷

标准书号　ISBN 978-7-5537-4296-0
定　　价　29.80元

前言 Preface

人食五谷，毒素在所难免，我们的身体每天都在摄入毒素。虽然人体在新陈代谢过程中，会将身体不需要的废物排出体外，但如果饮食不合理、生活习惯不健康，就会导致废物停滞在体内，无法排出。久而久之，停留在人体内的废物就会影响身体各种功能的正常运作，造成身体功能失衡，引发各种症状，如口臭、打嗝、胀气、易疲倦、精力不足、皮肤干燥或油腻、易过敏、失眠、头痛、记忆力下降、易怒等。这些都会影响到我们的身体健康、工作效率。因此，只有排出体内毒素才能保证身体健康。

面对毒素，有人选择洗肠、吃药来排毒，却不知道这样解决不了根本的问题，排出毒素的方法应该是外排与内养双向调理。人体内有一套完整的排毒系统，包括肝、肾、肺、胃、肠、皮肤、淋巴系统等，它们是人体自身的防御系统，可以很好地发挥其保护和清除毒素的作用。所以排出体内毒素的正确方法是外排做到改善不良生活方式，作息正常、坚持运动；内养养成良好的饮食习惯，不偏食、多摄入膳食纤维、选择有助于排毒的食物，让自身的排毒系统正常工作并且能够更好地发挥作用。

本书首先推荐了日常饮食中营养排毒的几种食材，又全面介绍了如何彻底地给五脏排毒，并从增强免疫、养元益肾、利肝清肠、排毒护肤四个方面推荐了相应的食谱菜肴，其中包括开胃清肠、补充身体代谢必需的营养菜，滋补又养颜的美味汤以及健胃益脾的养生羹，让读者通过食用菜肴中的各种天然维生素补剂、矿物质补剂以及中药材的补剂来加快清除毒素的速度，净化身体，帮助提高身体的营养水平，并达到加强身体自然排毒能力和增强免疫力的效果。此外，本书对每道食谱都配以精美成品图、详细的烹饪方法，部分食谱还有分步详解，图文并茂，食材易取，易学易成，让你吃跑毒素，吃出健康好身体。

目录 Contents

最彻底的五脏排毒法 9

增强体质要吃这些食物 11

PART 1 增强免疫篇

椒丝包菜 14

酸味娃娃菜 14

米椒娃娃菜 15

醋熘藕片 15

草菇焖土豆 16

牛里脊肉豆腐 16

剁椒蒸香干 17

卜豆角回锅肉 17

大白菜包肉 18

卤五花肉 18

梅菜烧肉 19

家常红烧肉 19

金城宝塔肉 20

京酱肉丝 21

干盐菜蒸肉 21

四川熏肉 22

走油肉 22

农家猪耳 23

口耳肉 23

玉米粒炒猪心 24

黄豆芽五花肉 24

珍珠丸子 25

纸包牛肉 25

香辣牛肉 26

青豆烧牛肉 26

卤牛腩 27

胡萝卜焖牛杂 27

凉拌牛百叶 28

牛百叶拌白芍 28

椒丝拌牛柳 29

芥子汁烧羊腿 29

手抓羊肉 30

双椒爆羊肉 30

烹鸭条 31

洋葱炒牛肉丝 32

脆皮羊肉卷 32

羊头捣蒜 33

牙签羊肉 33

三香三黄鸡 34

金牌口味蟹 34

秘制珍香鸡 35

蚝油豆腐鸡球 35

盐焗脆皮鸡 36

港式油鸡 36

印度咖喱鸡 37

玉米炒鸡丁 37

红枣鸭 38

蒜薹炒鸭片 39

五香烧鸭 39

四川板鸭 40

盐水卤鸭 40

爆炒鸭丝 41

参芪鸭汤 41

百花酿蛋卷 42

荷包里脊肉 42

芙蓉猪肉笋 43

火腿鸽子 43

卤鹅片拼盘 44

补骨脂猪腰汤 44

雪里蕻黄鱼 45

山药鸡汤 45

白萝卜羊肉汤 46

老鸭猪蹄煲 46

PART 2
养元益肾篇

凉拌韭菜 48
彩椒酿韭菜 48
核桃仁牛肉汤 49
蜜汁糖藕 49
越南黑椒牛柳 50
冰梅酱蒸排骨 51
荷兰豆炒腊肉 51
红油拌猪肚丝 52
韭黄炒猪肚丝 52
椒香猪肚丝 53
泡椒牛肉花 53
鲍汁鸡 54
八角烧牛肉 55
翡翠牛肉粒 55
小炒牛肚 56
胡萝卜牛肉丝 56
胡萝卜烧羊肉 57
爆炒羊肚丝 57
白切大靓鸡 58
咖喱鸡 58
草菇烧鸭 59
金针菜海参鸡 59
枸杞蒸鸡 60
冬菜大酿鸭 60
黄焖朝珠鸭 61
御府鸭块 61
白果炒鹌鹑 62
韭黄炒鹅肉 62
香酥鹌鹑 63
干贝蒸水蛋 63
京都片皮鸭 64
椒丁炒虾仁 65
杏仁苹果鱼汤 65
茶树菇蒸鳕鱼 66
韭苔炒虾仁 66
龙须菜炒虾仁 67
银耳木瓜盅 67
拌猪耳丝 68
千层猪耳 68
黄瓜猪耳片 69
麻辣猪耳丝 69
五彩猪骨锅 70
杞栗羊肉汤 70
美花菌菇汤 71
菱藕排骨汤 71
白萝卜煲鸭 72
土豆煲牛肉 72
明虾海鲜汤 73
滋补甜汤 73
银耳补益汤 74
红毛丹银耳汤 74
鸡蛋小米羹 75
鸽肉红枣汤 75
鹌鹑桂圆煲 76
青螺炖鸭 76

PART 3
利肝清肠篇

泡椒基围虾 78
蓝莓山药 78
酸辣荸荠 79
酒酿荸荠 79
鱼香羊肝 80
宝塔菜心 81
菊花豆角 81
竹笋炒豆角 82
辣子竹笋 82
冬笋烩豌豆 83
炒空心菜梗 83
蒜香炒青椒 84
鲮鱼油麦菜 84
清炒龙须菜 85
砂锅全鸭 85
清炒地三鲜 86
彩椒黄豆 86
香菇豆腐丝 87
拌神仙豆腐 87
凉拌西瓜皮 88

八珍豆腐 89
特色千叶豆腐 89
酱汁豆腐 90
芹菜炒香干 90
竹笋炒肉丝 91
培根炒包菜 91
醉卤猪肚 92
铁板猪肝 92
猪肝拌绿豆芽 93
猪肝拌黄瓜 93
卤猪肝 94
菠菜炒猪肝 94
椒圈牛肉丝 95
烩羊肉 95
醉鸡 96
油鸭扣冬瓜 96
椒块炒鸡肝 97
黄焖鸭肝 97
吉祥酱鸭 98
玉米荸荠炖鸭 98
青豆烧兔肉 99
阳春白雪 99
拌河鱼干 100
土豆烧鱼 100
草菇炒虾仁 101
钵钵香辣蟹 102
双色蛤蜊 102
白果玉竹猪肝汤 103
蟹腿肉沙拉 103
盐水浸蛤蜊 104
盐水菜心 104
炝汁大白菜 105
虾仁小白菜 105
灌汤娃娃菜 106
火山降雪 106
清爽白萝卜 107
菊花胡萝卜丝 107
凉拌白萝卜 108
芹菜虾仁 108
老醋四样 109
芹菜炒百合 109
苦瓜拌芹菜 110
芝麻拌芹菜 110
雀巢百合 111
芹菜炒胡萝卜 111
鸡蓉酿苦瓜 112
胡萝卜酿苦瓜 113
苦瓜酿三丝 113
凉拌春笋 114
山野笋尖 114
话梅山药 115
冬瓜百花展 115
荷花绘素 116
清淡小炒皇 116
山药鳝鱼汤 117
翡翠白菜汤 117
白萝卜粉丝汤 118
胡萝卜荸荠汤 118
荸荠煲脊骨 119
鸡肝美容汤 119
冬瓜煲老鸭 120
银耳鹌鹑汤 120
鸽子汤 121
核桃仁乳鸽汤 121
豆腐鱼尾汤 122
莲子猪心汤 122

PART 4
排毒护肤篇

白灼广东菜心 124
凉拌萝卜皮 124
酸辣黄瓜 125
苦瓜酿白玉 125
彩椒茄子 126
酸辣青木瓜丝 127
香柠藕片 127
荷兰豆炒茄子 128
红枣丸子 128
红腰豆炒百合 129
番茄酱炒芦笋 129
洋葱炒芦笋 130
笋合炒瓜果 130
清炒芦笋 131
豆芽拌荷兰豆 131
素拌绿豆芽 132
红椒绿豆芽 132
胡萝卜炒豆芽 133
什锦沙拉 133
珍珠米丸 134
苦瓜拌牛肉 135
鲜果沙拉 135
凉瓜炒牛肚 136
黑椒牛柳 136
彩椒牛肉丝 137
手抓羊肉 137
橘香羊肉 138
菠萝鸡丁 138
鸡丝炒百合 139
彩椒炒鸡柳 139
鱼香八块鸡 140
贵妃鸡翅 140
果酪鸡翅 141
鸡爪煲黄豆 141
鲜果炒鸡丁 142
苦瓜煲鹌鹑 143

玫瑰蒸乳鸽 143
炒白菜 144
手撕白菜 144
辣包菜 145
白菜炒双菇 145
香辣白菜心 146
芋头娃娃菜 146
粉丝蒸娃娃菜 147
双菇上海青 147
莴笋拌西红柿 148
蜂蜜西红柿 148
西红柿盅 149
凉拌竹笋尖 149
红油竹笋 150
冬瓜双豆 150
拌山野蕨菜 151
清炒芥蓝 151
土豆烩芥蓝 152
芹韭炒鸡丝 152
芥蓝拌虾球 153
红椒炒西蓝花 153
四宝西蓝花 154
冬笋鸡丁 154
家常鸭血 155
草菇炒芥蓝 155
白菜汤 156
苦瓜菠萝鸡汤 156
清炖鸡汤 157
甘蔗鸡骨汤 157
鲜奶鱼片汤 158
淡菜三蔬羹 158
鸡蛋醪糟羹 159
木瓜炖鹌鹑蛋 159
佛手瓜猪蹄汤 160
木瓜猪蹄汤 160

最彻底的五脏排毒法

很多人不能有效瘦身是因为体内积累了太多毒素。想要拥有健康体质和完美身材，就要了解身体的毒素状况和相应的排毒对策，不同的器官排毒需要不同的对策来帮助。下面就教你怎样排毒，帮助你有效瘦身，让你拥有健康体质和完美身材。

肾的排毒方法

吃冬瓜助肾排毒：冬瓜富含汁液，人体食用后会刺激肾增加尿液，从而排出体内的毒素。食用时可将冬瓜煲汤或清炒，味道尽量淡一些。

吃山药助肾排毒：山药虽然可以同时滋补很多脏器，但最终还是以补肾为主，经常吃山药可以增强肾的排毒功能。拔丝山药是一道对肾脏很好的菜肴，有助于补肾抗毒。

按压肾的排毒要穴：涌泉穴。这是人体最低的穴位，如果人体是一幢大楼，这个穴位就是排污下水管道的出口。经常按揉它，排毒效果明显。涌泉穴位置在足底足前部凹陷处第 2、第 3 趾趾缝纹头端与足跟连线的前 1/3 处（计算时不包括足趾），这个穴位比较敏感，按压时不要用太大力，稍有感觉即可；以边按边揉为佳，持续 5 分钟即可。

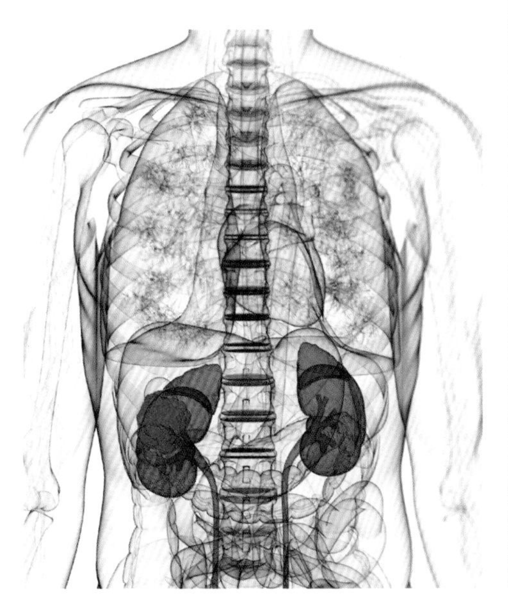

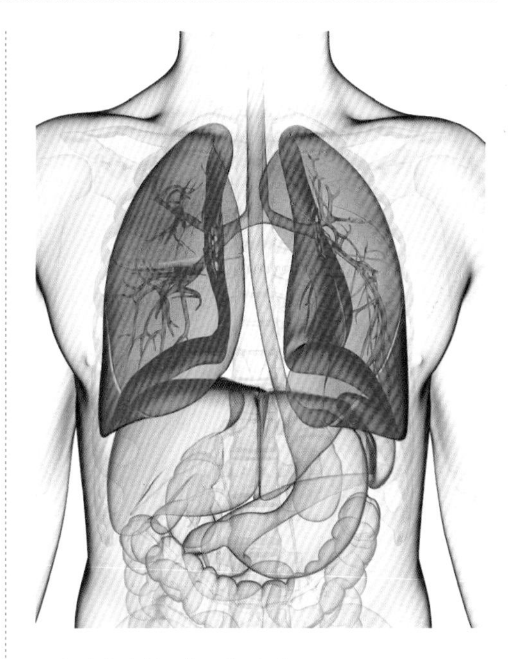

肺的排毒方法

白萝卜是肺的排毒食品：在中医理论中，大肠和肺的关系最密切，肺排出毒素的程度取决于大肠是否通畅。而白萝卜能帮助大肠排泄宿便，生吃或者拌成凉菜都可以。

百合可提高肺的抗毒能力：肺向来不喜欢燥气，在燥的情况下，毒素容易积累。百合有很好的养肺滋阴的功效，可以帮肺抗击毒素。食用百合时烹制时间不要过长，否则其中的汁液会减少，防毒效果要大打折扣。

按压肺的排毒要穴：有利肺的穴位是合谷穴，位置在手背上第 1、第 2 掌骨间，当第 2 掌骨桡侧的中点处，可以用拇指和食指捏住这个部位，用力按压。

排汗解毒：痛痛快快地出一身汗，让汗液带走体内的毒素，会让我们的肺清爽起来。

心的排毒方法

“吃苦”排毒：首推莲子心，它味苦，可以清心火，虽然有寒性，但不会损伤人体的阳气，所以一向被认为是最好的化解心热毒的食物。日常生活中可以用莲子心泡茶，还可以再加些竹叶或生甘草，能增强莲子心的排毒作用。

按压心的排毒要穴：这主要是指少府穴，位置在手掌心第 4、第 5 掌骨之间，握拳时小指与无名指指端之间。按压这个穴位不妨用些力，左右手交替按压。

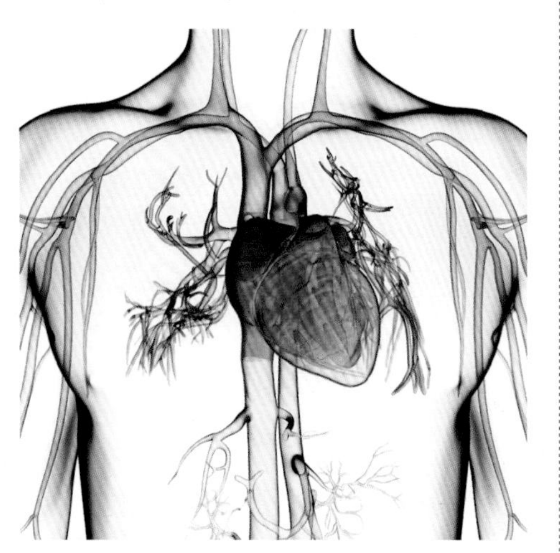

肝的排毒方法

吃青色的食物：按中医五行理论，青色的食物可以通达肝气，起到很好的疏肝、解郁、缓解不良情绪的作用，属于能够帮助肝排毒的食物。例如，中医专家推荐将青色的橘子或柠檬，连皮做成青橘果汁或是青柠檬水，直接饮用就好。

按压肝的排毒要穴：这主要是指太冲穴，位置在足背第 1、第 2 跖骨结合部之前的凹陷中。用拇指按揉 3~5 分钟，不要用太大的力气，两只脚交替按压，感觉轻微酸胀即可。

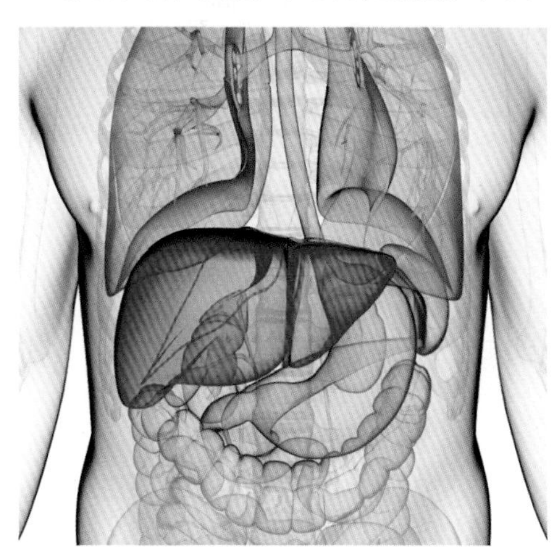

脾的排毒方法

吃甘味食物助脾排毒：例如山药、白术，这些都是用来化解食物中毒素的优良食品，可以增强肠胃的消化功能，使食物中的毒素在最短的时间内排出体外。同时甘味食物还具有健脾的功效，可以很好地体现抗毒食品的功效。

按压脾的排毒要穴：这主要是指商丘穴，位置在内踝前下方的凹陷中。用拇指按揉该穴位，保持酸胀感即可，每次 3 分钟，两脚交替做。

饭后散步：运动可以帮助脾胃消化，加快毒素排出的速度，但需要长期坚持，效果才会更好。

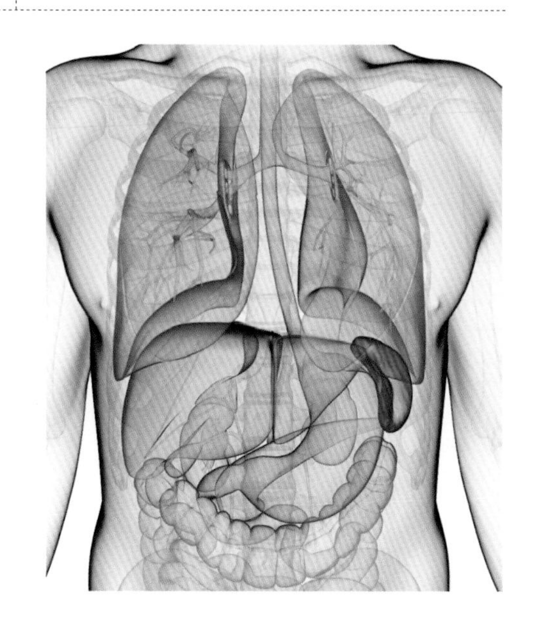

增强体质要吃这些食物

水产海鲜

名称	海参	虾	海鱼
养生功效	海参性温，味甘、咸，既是美味食物，又是滋补良药。具有提高记忆力，保护心脑血管，预防动脉硬化、糖尿病以及抗肿瘤等作用。	虾味道鲜美，是食疗和药用价值都较高的食物；且其肉质松软，易消化，对身体虚弱以及病后需要调养的人来说都是极好的食物。	深海鱼类不仅可以保护心脏，促进血液循环，还可以增强人体免疫力、降低胆固醇、预防心脑血管疾病等。

食用真菌

名称	香菇	猴头菇	银耳
养生功效	香菇有养胃益气的功效。香菇中的香菇多糖能增强人体的免疫力。香菇亦可配合鱼、肉类煮食，有扶正补气的作用。	猴头菇性平，味甘，有安神益智、健脾养胃的功效。用猴头菇配合肉类煮食，既是预防贲门癌、肠癌等消化道肿瘤的抗癌食物，亦是美味佳肴。	银耳性平，无毒，味甘、淡，有益气清肠、滋阴润肺的作用，并富有天然植物性胶质，有润肤功效，是可以长期服用的优良食品。

蔬菜类

名称	花菜	韭菜	包菜
养生功效	花菜性凉，味甘，有补脾和胃的作用，长期食用可以有效减少心脏病的发生概率，同时花菜也是全球公认的最佳抗癌食品之一。	韭菜不仅质嫩味鲜，营养也很丰富。韭菜子有固精、助阳、补肝、益肾等作用，适用于阳痿、遗精、遗尿等症的辅助治疗。	包菜可补骨髓、润脏腑、益心力、壮筋骨、利脏器、祛结气、清热止痛，适用于睡眠不佳、多梦易睡、关节屈伸不利、胃脘疼痛等症。

乳品

名称	牛奶	羊奶	乳制品
养生功效	牛奶有补虚损、益肺胃、生津润肠之功效。适用于久病体虚、气血不足、营养不良、呃逆反胃、胃及十二指肠溃疡、消渴、便秘等症。	羊奶性温，味甘，有补虚养血的功效。山羊奶的脂肪及蛋白质比牛奶高，而绵羊奶较之更高，非常适宜肠胃疾病患者、身体虚弱的人群以及婴儿饮用。	乳制品是以生鲜牛（羊）乳为主要原料经加工制成的产品。有抑制病菌繁殖、促进肠胃消化、防止便秘、延缓衰老、防癌抗癌等功效。

禽肉、蛋类

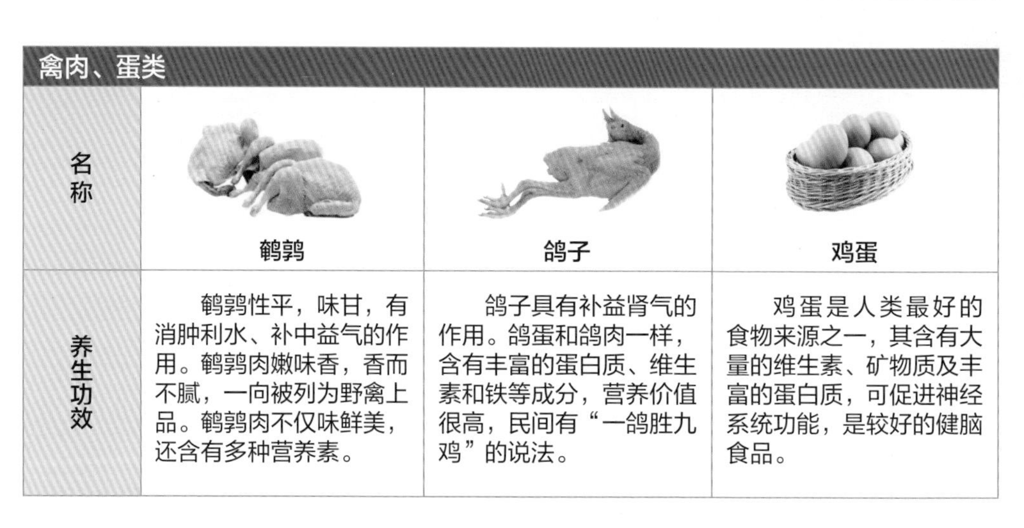

名称	鹌鹑	鸽子	鸡蛋
养生功效	鹌鹑性平，味甘，有消肿利水、补中益气的作用。鹌鹑肉嫩味香，香而不腻，一向被列为野禽上品。鹌鹑肉不仅味鲜美，还含有多种营养素。	鸽子具有补益肾气的作用。鸽蛋和鸽肉一样，含有丰富的蛋白质、维生素和铁等成分，营养价值很高，民间有“一鸽胜九鸡”的说法。	鸡蛋是人类最好的食物来源之一，其含有大量的维生素、矿物质及丰富的蛋白质，可促进神经系统功能，是较好的健脑食品。

肉类

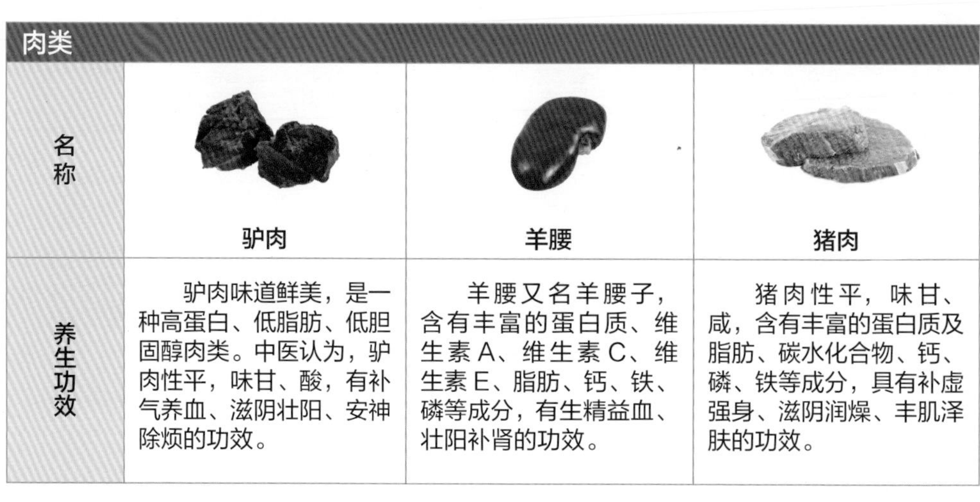

名称	驴肉	羊腰	猪肉
养生功效	驴肉味道鲜美，是一种高蛋白、低脂肪、低胆固醇肉类。中医认为，驴肉性平，味甘、酸，有补气养血、滋阴壮阳、安神除烦的功效。	羊腰又名羊腰子，含有丰富的蛋白质、维生素A、维生素C、维生素E、脂肪、钙、铁、磷等成分，有生精益血、壮阳补肾的功效。	猪肉性平，味甘、咸，含有丰富的蛋白质及脂肪、碳水化合物、钙、磷、铁等成分，具有补虚强身、滋阴润燥、丰肌泽肤的功效。

PART 1

增强免疫篇

通俗来说，免疫力是指机体抵抗外来病原体侵袭、维护体内环境稳定性的能力。空气中存在的各种微生物都可能成为病原体，因此要增强人体的免疫力。日常饮食调理是提高人体免疫能力较理想的方法。本篇以营养充足且均衡为原则，精选食材，科学搭配，让读者增强免疫力，远离疾病。

椒丝包菜

材料

包菜350克，红椒50克，姜20克

调料

盐3克，鸡精1克，食用油适量

做法

1. 将包菜洗净，切长条；红椒洗净，切丝；姜去皮，洗净，切丝。
2. 炒锅注入食用油烧热，放入姜丝煸香，倒入包菜翻炒，再加入红椒丝同炒均匀。
3. 加盐和鸡精调味，起锅装盘即可。

酸味娃娃菜

材料

娃娃菜400克，粉丝200克，酸菜80克，红椒20克，葱15克

调料

蚝油5毫升，酱油5毫升，盐3克，红油10毫升

做法

1. 娃娃菜洗净，均匀地切成四瓣，装盘；粉丝泡发，洗净，置于娃娃菜上；酸菜洗净切末，置于粉丝上；红椒、葱洗净切末，撒在酸菜上。
2. 盐、酱油、蚝油、红油调成味汁，淋在娃娃菜上。
3. 将盘子置于蒸锅中，蒸8分钟即可。

米椒娃娃菜

材料

娃娃菜600克，米椒50克，蒜、葱、红椒各5克

调料

盐、味精、酱油各适量

做法

1. 娃娃菜洗净，沥干水分，装盘备用；米椒洗净切末，撒在娃娃菜上。
2. 蒜、葱、红椒均洗净切末，放入用盐、味精、酱油调成的味汁中，调匀后浇在娃娃菜上。
3. 将盘子置于蒸锅中，蒸5分钟即可。

醋熘藕片

材料

嫩莲藕1节，葱8克，姜10克，红椒（切圈）1个，清汤适量

调料

醋15毫升，盐4克，水淀粉5毫升，花椒油20毫升，酱油、食用油各适量

做法

1. 藕去节，削皮洗净，切成薄片，下入开水锅中略烫，捞出沥干水分待用。
2. 葱洗净切丝；姜洗净切末。
3. 炒锅内注入适量食用油烧至温热，先下入姜末炝锅；再烹入醋、酱油、盐和清汤，放入藕片炒至入味；用水淀粉勾芡，淋入花椒油，翻炒均匀出锅，用葱丝和红椒圈装饰。

草菇焖土豆

材料

土豆400克，西红柿适量，草菇50克，葱白10克

调料

盐5克，番茄酱100克，胡椒粉、食用油各适量

做法

1. 土豆去皮洗净，切成小块；草菇洗净切片；西红柿洗净切成滚刀块；葱白洗净切短丝。
2. 在锅中放入食用油上火烧热，下葱白翻炒，炒出香味后加入切好的土豆、西红柿和草菇，加入番茄酱一起炒。
3. 炒透后加入适量的水煮至八成熟时放盐、胡椒粉调味，盛出即可。

牛里脊肉豆腐

材料

豆腐、牛里脊肉各200克，葱、姜丝、蒜各5克，红椒圈适量

调料

豆瓣10克，盐4克，食用油、料酒各适量

做法

1. 牛里脊肉洗净切粒；豆腐上笼蒸熟；葱洗净切段；蒜洗净切末。
2. 锅中注入食用油烧热，放入牛里脊肉粒爆炒，加入豆瓣、姜丝、蒜末，烹入料酒，加入盐、葱段煮开，盛在蒸好的豆腐上，放上红椒圈即可。

剁椒蒸香干

材料

香干300克，剁椒50克，蒜泥10克，葱花5克

调料

盐5克，味精1克，豆豉5克，红油10毫升

做法

1. 将香干切成片后，装入盘中。
2. 碗中放入剁椒、葱花、豆豉、蒜泥、红油，调入盐、味精，拌匀备用。
3. 蒸锅上火，放入香干，蒸至熟后取出，将拌匀的调料倒入香干中即可。

卜豆角回锅肉

材料

卜豆角100克，腊肉150克，红椒、葱花各适量

调料

盐3克，食用油适量

做法

1. 将卜豆角泡发，洗净；腊肉洗净，放入锅中煮至回软后捞出，切成细丝；红椒洗净，切圈。
2. 炒锅加食用油烧热，下入腊肉炒至出油，再加入卜豆角一起翻炒。
3. 最后撒上红椒、葱花，调入盐，炒至熟即可。

大白菜包肉

材料

大白菜300克，猪绞肉150克，葱花、姜末各5克

调料

盐3克，味精1克，酱油6毫升，花椒粉4克，香油、淀粉各适量

做法

1. 大白菜择洗干净。
2. 猪绞肉加上葱花、姜末、盐、味精、酱油、花椒粉、淀粉搅拌均匀，将调好的肉馅放在白菜叶中间，包成长方形。
3. 将包好的肉放入盘中，入蒸锅用大火蒸10分钟至熟，取出淋上香油即可食用。

卤五花肉

材料

五花肉500克，生菜叶、红椒圈各适量

调料

盐、香油、酱油、料酒、冰糖、八角、食用油各适量

做法

1. 五花肉用水洗净，放入沸水中煮熟，捞起沥干，再放入热油锅中炸至表皮呈淡金黄色；捞起，浸入冷水中泡5分钟，再捞出沥干备用。
2. 锅中放入盐、酱油、料酒、冰糖、八角、水及五花肉煮开，改小火卤至五花肉熟烂；捞出切片，盛入盘中，淋上卤汁及香油，以生菜叶和红椒圈装饰即可。

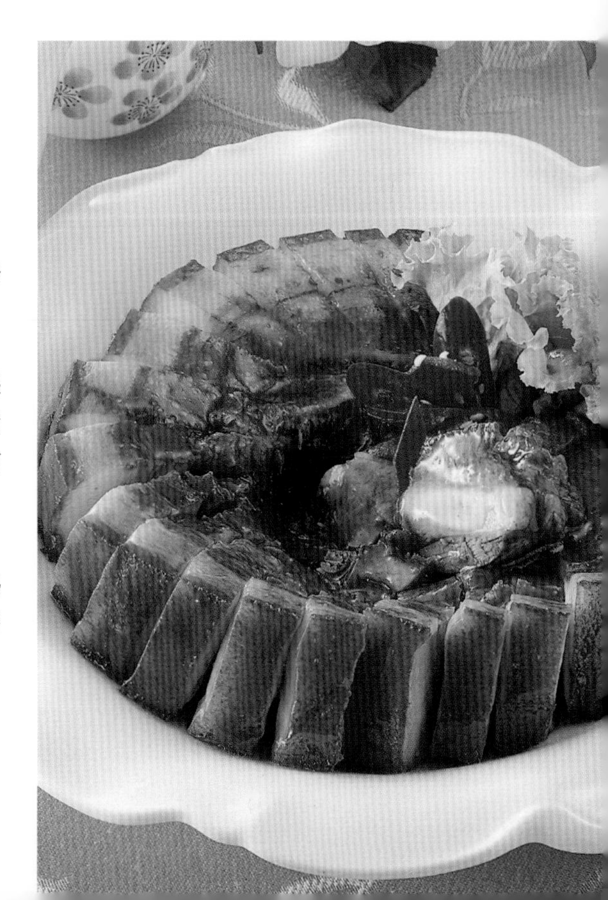

梅菜烧肉

材料

五花肉500克，蒜5克，梅菜160克，上海青100克

调料

盐、酱油、冰糖、食用油各适量

做法

1. 将梅菜洗净切碎；上海青洗净焯熟，摆盘备用。
2. 五花肉洗净，用盐、酱油腌渍，入油锅炸至表面呈金黄色，捞出切片。
3. 起油锅，爆香蒜，放入梅菜翻炒，加适量水煮开；再加五花肉片及冰糖，转小火焖煮至熟烂，盛入装有上海青的盘中即可。

家常红烧肉

材料

五花肉300克，蒜苗50克，蒜10克，干椒段、姜片、蒜片各5克

调料

盐、酱油、味精各适量

做法

1. 五花肉洗净，切方块；蒜苗洗净切段。
2. 将五花肉块放入锅中煸炒出油，加入酱油、干椒段、姜片、蒜片和适量清水煮开备用。
3. 盛入砂锅中炖2个小时收汁，放入蒜苗，加盐、味精调味即可。

金城宝塔肉

材料

五花肉	500克
梅菜	300克
西蓝花	50克
荷叶饼	6张

调料

老酱汤	适量
淀粉	10克

做法

1. 将五花肉洗净，入老酱汤中煮至七成熟；西蓝花洗净，焯水待用；梅菜洗净切碎。
2. 煮熟的五花肉用滚刀法切成片，放入碗中；放上梅菜，淋上老酱汤，入蒸笼蒸2个小时。
3. 肉扣在盘中，用西蓝花围边；原汁用淀粉勾芡，淋在盘中，与荷叶饼一同上桌即可。

1 2 3

京酱肉丝

材料

猪里脊肉300克，葱丝10克

调料

甜面酱、酱油、淀粉、料酒、食用油各适量

做法

1. 将猪里脊肉洗净切丝，用适量酱油、淀粉拌匀。
2. 油烧热，放入猪里脊肉快速拌炒1分钟，盛出；余油继续加热，加入甜面酱、水、料酒、酱油炒至黏稠状，再加入葱丝及肉丝炒匀，盛入盘中即可。

干盐菜蒸肉

材料

五花肉300克，干盐菜150克，香菜适量

调料

盐、酱油、辣椒酱、白糖各适量

做法

1. 五花肉洗净切片；干盐菜洗净，切碎；香菜洗净待用。
2. 五花肉加清水、盐、酱油、辣椒酱、白糖煮至上色，捞出。
3. 干盐菜置于盘底，放上五花肉，入蒸锅蒸15分钟，取出后撒上香菜即可。

四川熏肉

材料

猪肋条肉100克，黄瓜片、茶叶、葱段、圣女果、姜末、柏树枝各适量

调料

盐、料酒、食用油各适量

做法

1. 猪肋条肉洗净，用盐、葱段、料酒腌渍半个小时。
2. 锅烧热，下腌肉、姜末及适量清水，烧开，焖煮至熟。
3. 再加入柏树枝、茶叶，小火温熏；待肉上色后，捞出晾凉；切片，淋油装盘，盘边装饰黄瓜片和圣女果即可。

走油肉

材料

猪肋条肉500克，西蓝花200克，葱段、姜片各适量

调料

酱油、盐、白糖、料酒、食用油各适量

做法

1. 猪肋条肉洗净切块，下油锅炸至金黄，捞出沥油，放入清水中浸泡片刻；西蓝花洗净，掰小朵后焯水摆盘。
2. 葱段、姜片用纱布包好，放入锅底，上面摆肉，在肉上加盐、酱油、料酒，大火蒸至皮面稍酥烂。
3. 加入白糖，再烧煮20分钟，放入盘中即可。

农家猪耳

材料

猪耳500克，红椒100克，蒜20克

调料

盐、味精、香油、食用油各适量

做法

1. 猪耳洗净切长条；红椒洗净切圈；蒜去皮，洗净切末。
2. 猪耳下锅，加入适量水，大火煮20分钟。
3. 热锅下食用油，加入红椒、蒜，放入猪耳，调入盐、味精、香油炒熟即可。

口耳肉

材料

猪舌、猪耳各2只

调料

卤汁、蒜蓉酱、酱油、红油、盐、鸡精各适量

做法

1. 将猪舌、猪耳分别刮洗干净。
2. 将猪舌和猪耳叠卷成卷，用纱布裹紧，放入卤汁锅中卤熟，取出用重物压紧。
3. 拆掉纱布，将猪舌和猪耳切成片，摆入盘中，将其余调料调成汁，淋在上面即可。

玉米粒炒猪心

材料

玉米粒150克，猪心1个，葱10克，青豆50克，姜1块

调料

香油5毫升，白糖3克，盐5克，酱油10毫升，淀粉、料酒、食用油各适量

做法

1. 玉米粒洗净；猪心洗净切丁；葱洗净切段；姜去皮，洗净切片；青豆洗净，入沸水中焯5分钟，取出沥水。
2. 锅中注入适量水烧开，放入猪心丁稍汆烫，捞出。
3. 锅加食用油烧热，爆香葱、姜，调入料酒，下入玉米粒、猪心、盐、白糖、酱油，注少许清水煮开；小火再煮片刻，下青豆煮熟；用淀粉勾芡、淋入香油即可。

黄豆芽五花肉

材料

五花肉300克，香菜适量，黄豆芽50克，姜10克，蒜8克

调料

盐3克，味精3克，酱油10毫升，醋、食用油各适量

做法

1. 五花肉洗净，入沸水锅煮熟；黄豆芽洗净；姜、蒜去皮，洗净切末。
2. 将五花肉皮用酱油上色，放入油锅中将肉皮炸至金黄色，捞出沥油，切成片；另起油锅，爆香姜末、蒜末，加入黄豆芽炒香，盛出。
3. 肉片摆入碗中，上放黄豆芽，调入盐、味精和适量醋，入锅蒸2个小时，取出反扣在盘中，放上香菜装饰即可。

珍珠丸子

材料

糯米150克，猪绞肉100克，葱末、姜末各5克，虾米、荸荠、香菜各适量

调料

盐、淀粉、料酒、胡椒粉、食用油各适量

做法

1. 虾米泡发洗净，切碎；荸荠去皮，洗净切碎；糯米洗净泡软，沥干。
2. 猪绞肉、虾米、荸荠、葱末、姜末、盐、料酒、胡椒粉、淀粉及水调拌匀，挤成丸子，裹上糯米，放入抹上油的蒸盘，蒸熟后放上香菜装饰即可。

纸包牛肉

材料

牛肉粒、芹菜粒各300克，鸡蛋液、威化纸、红椒粒、面包糠、葱花各适量

调料

盐、胡椒粉、鸡精、葱姜水、食用油各适量

做法

1. 将牛肉粒加入芹菜粒中，放入葱姜水、盐、胡椒粉、鸡精调匀成肉馅。
2. 取威化纸，将肉馅放在纸上，摊开，折起来成饼；然后刷鸡蛋液，拍上面包糠，放入热油锅中以小火炸至呈金黄色；捞出控油后，摆在盘子四周，撒上葱花、红椒粒即可。

香辣牛肉

材料

牛肉150克，葱花适量

调料

卤水适量，红油、香油各10毫升，辣椒粉适量

做法

1. 牛肉洗净，放沸水中氽一下，捞出沥水。
2. 锅内倒入卤水烧热，放牛肉卤熟，捞起，切片摆盘。
3. 将红油、香油、辣椒粉调匀，淋在牛肉上，最后撒上葱花即可。

青豆烧牛肉

材料

牛肉300克，葱、蒜、姜各10克，高汤适量，青豆50克

调料

豆瓣15克，酱油、料酒各4毫升，鸡精、盐各3克，花椒粉2克，食用油适量

做法

1. 牛肉洗净切小片，用料酒、盐抓匀上浆；豆瓣剁细；青豆洗净；葱洗净切花；姜、蒜洗净去皮切碎。
2. 锅置火上，入食用油烧热，放入豆瓣、姜、蒜炒香出色，倒入高汤，调入酱油、料酒、盐，烧开后下牛肉片、青豆。
3. 待肉片熟后再调入鸡精，起锅装盘，撒上花椒粉、葱花，淋上热油即可。

卤牛腩

材料

牛腩500克，洋葱50克，胡萝卜、白萝卜、香菜各适量

调料

盐4克，桂皮、八角、花椒粒、酱油、食用油各适量

做法

1. 牛腩洗净切块，汆水后沥干；胡萝卜、白萝卜及洋葱均洗净，去皮，切滚刀块。
2. 起油锅，放入洋葱炒香，加入萝卜、牛腩略炒，最后加入桂皮、八角、花椒粒及盐、酱油、水适量，卤熟盛出，撒上香菜即可。

胡萝卜焖牛杂

材料

胡萝卜50克，牛肚、牛心、牛肠各20克，葱白丝少许

调料

盐、味精、鸡精、白糖、香油、蚝油、辣椒酱各适量

做法

1. 将牛肚、牛肠、牛心洗净，煮熟后切段；胡萝卜洗净切成三角形状，下锅焖煮。
2. 待胡萝卜快熟时倒入其他材料（葱白丝除外）及调料（除辣椒酱）焖熟，起锅后装盘放上葱白丝，即可蘸辣椒酱食用。

凉拌牛百叶

材料

牛百叶500克，松子仁、红椒各20克，芝麻10克，生菜叶适量

调料

香油、酱油、陈醋各5毫升，味精1克，盐4克

做法

1. 将松子仁擀碎备用；牛百叶刮去黑皮洗净切成细丝，控干水，放盆内；红椒洗净切圈；生菜叶洗净，铺盘底。
2. 牛百叶丝加入陈醋、红椒、芝麻拌匀，腌15分钟。
3. 再放入松子仁、盐、味精、酱油、香油拌匀，腌20分钟即可。

牛百叶拌白芍

材料

牛百叶200克，白芍100克，葱15克

调料

盐3克，酱油2毫升，食用油、香油各适量

做法

1. 牛百叶、葱分别洗净后切细丝，备用；白芍洗净切丝备用。
2. 锅内烧水，再放入牛百叶、白芍煮熟，控干水装盘。
3. 调入适量食用油、酱油、盐拌匀，淋入香油，撒上葱丝调匀即可。

椒丝拌牛柳

材料

牛柳200克，青椒、红椒各1个，香菜适量

调料

松肉粉20克，盐5克，料酒5毫升，味精1克，香油6毫升，食用油适量

做法

1. 牛柳洗净切成长条块；青椒、红椒洗净切丝；香菜洗净。
2. 将牛柳用松肉粉、盐、料酒拌匀腌渍15分钟备用。
3. 锅中放食用油烧热，放入牛柳煎至表面呈金黄色，取出切细条，拌入青椒丝、红椒丝，调入香油、盐、味精拌匀，撒上香菜即可。

芥子汁烧羊腿

材料

羊腿1只，洋葱（切片）1个，干葱50克，蒜蓉10克，玉米半个

调料

柠檬汁50毫升，法式芥末15克，红酒20毫升，盐适量，芥子汁适量

做法

1. 先将羊腿解冻去骨，加入洋葱片、盐、红酒、干葱、蒜蓉腌6~8个小时。
2. 放入烤炉焗25分钟，取出冷藏备用。
3. 热锅，爆香法式芥末，注入部分柠檬汁，用汁斗盛起；羊腿放入微波炉加热后，放入已烧热的铁板中，吃时淋剩余柠檬汁与芥子汁，旁边摆上煮熟的玉米棒佐餐即可。

手抓羊肉

材料

羊肉500克，洋葱、胡萝卜各20克，香菜10克

调料

盐5克，花椒粒5克

做法

1. 羊肉洗净切块；洋葱洗净切丝；胡萝卜洗净切块；香菜洗净切末。
2. 锅中水烧开，放入羊肉块汆烫捞出，锅中换干净水烧开，放入盐、洋葱、花椒粒、胡萝卜、羊肉煮熟。
3. 将以上材料出锅沥干加入香菜末即可。

双椒爆羊肉

材料

羊肉400克，青椒、红椒各50克

调料

盐4克，水淀粉25毫升，香油、料酒各10毫升，食用油适量

做法

1. 羊肉洗净切片，加盐、少许水淀粉搅匀，上浆；青椒、红椒洗净斜切成圈备用。
2. 油锅烧热，放入羊肉滑散，加入料酒，放入青椒、红椒炒均匀。
3. 炒至羊肉八成熟时，以水淀粉勾芡，炒匀至熟，淋上香油即可。

烹鸭条

材料

熟鸭脯肉　350克
鸭腿肉　350克
葱　15克
红椒　15克
姜　5克
蒜　5克
面粉　85克
清汤　100毫升

调料

香油　适量
盐　适量
料酒　适量
食用油　适量

做法

1. 熟鸭脯肉、鸭腿肉均切成2厘米宽、4厘米长的条，拍松，加少许盐、料酒，撒面粉拌匀；红椒洗净切片；葱洗净切段；姜去皮切片备用。
2. 清汤下锅加少许料酒、盐、葱、姜、蒜、红椒，用中火烧成卤汁。
3. 锅中放食用油用大火烧至八成热，下鸭条炸至外层黄硬，沥去油；原锅留油下鸭条，倒入卤汁，快速翻炒，淋上香油装盘即可。

洋葱炒牛肉丝

材料

洋葱、牛肉各150克，生姜丝3克，蒜片、葱花各5克

调料

料酒、盐、食用油各适量

做法

1. 牛肉洗净去筋切丝；洋葱洗净切丝。
2. 将牛肉丝用料酒、盐腌渍。
3. 锅上火，加食用油烧热，放入牛肉丝快速煸炒，再放入蒜片、生姜丝，待牛肉炒出香味后加盐，放入洋葱丝略炒，盛出后撒上葱花即可。

脆皮羊肉卷

材料

羊肉200克，鸡蛋2个，面包糠30克，青椒、红椒、洋葱各适量

调料

盐、孜然各5克，辣椒粉4克，食用油适量

做法

1. 羊肉洗净切末；洋葱、青椒、红椒分别洗净切末。
2. 锅中加食用油烧热，放入羊肉、洋葱、青椒、红椒炒香，加入孜然、辣椒粉、盐炒入味后盛出；鸡蛋调散入锅煎成蛋皮。
3. 蛋皮平铺，放入羊肉馅卷起，裹上面包糠入油锅炸至金黄色，取出切段摆盘即可。

羊头捣蒜

材料

羊肚、羊肉各150克，羊头骨1个，红椒、蒜末、葱花、胡萝卜丝、紫萝卜丝各适量

调料

盐2克，酱油、料酒各8毫升

做法

1. 羊肚、羊肉分别洗净，切成条，用盐、料酒腌渍；羊头骨洗净，对切；红椒洗净、切丁。
2. 锅内加适量清水烧开，加盐，放羊肚、羊肉汆至肉变色，捞起沥水，抹上酱油，填入羊头骨中，放入烤箱中烤熟。
3. 取出，撒上红椒丁、蒜末、葱花，放在铺有胡萝卜丝、紫萝卜丝的盘中即可。

牙签羊肉

材料

羊肉300克，牙签、生菜各适量

调料

盐3克，辣椒粉5克，味精3克，孜然6克，食用油适量

做法

1. 羊肉洗净切丁，装入碗中备用。
2. 调入盐、味精、辣椒粉、孜然，腌渍入味后串在牙签上。
3. 锅中加食用油烧热，放入羊肉炸至金黄色至熟，捞出沥油，摆入以生菜叶铺底的盘中即可。

三香三黄鸡

材料

三黄鸡350克，上海青50克，胡萝卜丝、紫甘蓝丝、葱片、姜片各适量

调料

盐、食用油各适量

做法

1. 三黄鸡洗净，煮熟后浸冷水斩件，鸡汤备用；上海青洗净。
2. 锅加食用油烧热，放入葱片、姜片，用中小火慢慢炒出香味，加适量鸡汤，入少许盐调味后均匀淋在摆好的鸡肉上。
3. 另起油锅，待油六成热时，放入上海青、胡萝卜丝、紫甘蓝丝炒至断生后加少许盐调味，铺在鸡肉上即可。

金牌口味蟹

材料

螃蟹1000克，红椒段10克，高汤适量

调料

干淀粉、豆豉、蒜、料酒、酱油、豆瓣酱、白糖、醋、盐、鸡精、食用油各适量

做法

1. 螃蟹洗净，将蟹钳与蟹壳分别斩块，撒上干淀粉抓匀，油锅烧热，下蟹块炸至表面变红，捞出沥干油。
2. 油锅烧热，将豆豉、红椒段、蒜爆香，下蟹块，加入其余调料和高汤煮至入味即可。

秘制珍香鸡

材料

鸡肉450克，玉米笋、青椒、红椒各10克

调料

盐、味精各3克，酱油、香油各10毫升，食用油适量

做法

1. 鸡肉洗净，放入开水锅中煮熟，捞出，沥干水分，切块；青椒、红椒、玉米笋洗净，切丁。
2. 锅中加食用油烧热，入青椒、红椒、玉米笋炒香，再加入盐、味精、酱油、香油，制成味汁。
3. 将味汁淋在鸡块上即可。

蚝油豆腐鸡球

材料

猪肥肉、鸡脯肉各150克，油豆腐100克，红椒丝10克，鸡蛋液、姜末、葱末各适量

调料

蚝油、盐、料酒、胡椒粉、淀粉、食用油各适量

做法

1. 将猪肥肉、鸡脯肉洗净后剁成肉末。
2. 将肉末与鸡蛋液用少许盐、胡椒粉、料酒搅匀，加入淀粉、姜末、少许葱末调匀；锅中加食用油烧至五成热后，将调好的肉末用手挤成丸子，下入油锅炸至金黄色后捞起。
3. 锅中留少许底油，放入油豆腐，加盐、胡椒粉、蚝油，再放入肉丸，加少许水将以上材料煮熟，用淀粉勾芡，盛出撒上红椒丝和剩余葱末即可。

盐焗脆皮鸡

材料

鸡1只，姜10克，纱纸1张，香菜适量

调料

淮盐100克，粗盐50克，食用油适量

做法

1. 将鸡洗净；姜去皮，洗净，切末。
2. 将鸡用纱纸包住，外围撒上淮盐和姜腌上3个小时。
3. 锅中加食用油将粗盐炒热，把腌好的鸡下入油锅焖至熟，至鸡皮变脆再取出，切块放上少许香菜即可。

港式油鸡

材料

鸡1只，葱、姜、红椒各适量

调料

八角、桂皮各15克，盐、酱油、冰糖、绍酒各适量

做法

1. 将鸡洗净，汆烫后过冷水；红椒、葱洗净切丝；姜洗净，去皮切片；将姜、八角、桂皮装入纱布袋做成卤包。
2. 锅内加水、盐、酱油煮开，放入卤包、冰糖、鸡煮开，加入绍酒煮至鸡熟透，捞出沥干。
3. 鸡切块放入以生菜铺底的盘中，撒上葱丝及红椒丝即可。

印度咖喱鸡

材料

鸡腿200克，石栗2只，红椒片、洋葱、茨仔各1个，葱末、豆角段各适量

调料

椰汁、花奶、盐、胡椒粉、鸡精、白糖、咖喱粉、食用油各适量

做法

1. 将洋葱、茨仔洗净切菱形片，备用；鸡腿洗净切大块，加少许咖喱粉腌20分钟。
2. 热锅加食用油，将鸡块煎至八成熟。
3. 热油炒香咖喱粉、石栗、洋葱、红椒片、葱末、豆角段、茨仔，下其余调料、鸡块，小火煮10分钟盛盘即可。

玉米炒鸡丁

材料

鸡脯肉、玉米粒各150克，黄瓜、胡萝卜各50克，姜5克

调料

盐3克，料酒5毫升，鸡精3克

做法

1. 鸡脯肉洗净，切粒；玉米粒洗净；黄瓜、胡萝卜洗净，切丁；姜去皮洗净切末。
2. 鸡脯肉加少许盐、料酒、姜腌入味，于锅中滑炒后捞起；另起油锅炒香玉米粒、黄瓜、胡萝卜，再放入鸡丁炒入味，调入少许盐、鸡精即可。

红枣鸭

材料

肥鸭　半只
猪骨　500克
葱末　适量
姜片　适量
红枣　适量
清汤　1000毫升

调料

冰糖汁　1000毫升
料酒　适量
盐　适量
淀粉　适量
食用油　适量

做法

1. 鸭洗净，入沸水锅氽水捞出，用料酒抹遍全身，于七成热的油锅中炸至微黄捞起，沥油后切条待用。
2. 锅置大火上，入清汤、猪骨垫底，后放入炸鸭煮沸，去浮沫，下姜、葱、料酒、冰糖汁、盐，转小火煮。
3. 至七成熟时放入红枣，待鸭熟枣香时捞出，摆盘中；锅内用淀粉将原汁勾芡，淋遍鸭身即可。

1　2　3

蒜薹炒鸭片

材料

鸭肉300克，蒜薹100克，姜10克

调料

酱油5毫升，盐3克，黄酒5毫升，淀粉、食用油各适量

做法

1. 鸭肉洗净切片；姜洗净拍扁，挤姜汁，与酱油、淀粉、黄酒拌入鸭片中备用。
2. 蒜薹洗净，切成段，下油锅略炒，加盐炒匀备用。
3. 锅洗净，热油，下姜爆香，倒入鸭片，改小火炒散，再改大火，倒入蒜薹，加盐、水，炒匀即可。

五香烧鸭

材料

鸭1只，葱末、姜末各10克

调料

白糖、酱油、盐、五香粉、黄酒各适量

做法

1. 将鸭洗净；酱油、五香粉、黄酒、白糖、葱末、姜末、盐装盆调匀。
2. 把鸭放入调料盆中浸泡2～4个小时，翻转几次使鸭浸泡均匀。
3. 锅中注水烧热，将浸泡好的鸭放入，水开后改用小火煮；待水蒸发完，鸭体内的油烧出，随时翻动，当鸭熟至表面呈焦黄色，切块装盘即可。

四川板鸭

材料

大公仔鸭1只

调料

盐5克，卤水100毫升，食用油适量

做法

1. 将鸭洗净用盐腌渍入味。
2. 仔鸭放入卤水中卤至七成熟。
3. 下入油锅炸至呈金黄色，捞出，切片装盘即可。

盐水卤鸭

材料

鸭1只，盐5克，葱、姜各20克，红椒丝适量

调料

综合卤包1个，料酒、白糖各适量

做法

1. 鸭洗净，加少许盐腌渍片刻，放入开水中烫煮5分钟，捞出沥干；葱洗净，切小段；姜洗净，切片。
2. 锅中放入葱、姜、料酒、盐、白糖、综合卤包、水及鸭煮开，改小火煮至鸭熟；熄火，待凉取出，切块，摆盘以红椒丝装饰即可。

爆炒鸭丝

材料

鸭里脊肉100克，葱、姜、蒜各5克，青椒、红椒各1个

调料

盐5克，食用油、料酒、白糖、酱油各适量

做法

1. 鸭里脊肉洗净，切丝；青椒、红椒洗净，切丝；葱、姜、蒜洗净，切片。
2. 锅中加食用油烧热，放入鸭肉丝滑炒熟，盛出，放入葱、姜、蒜煸香。
3. 调入其余调料，加入青椒丝、红椒丝炒匀入味，再放入鸭肉丝炒匀即可。

参芪鸭汤

材料

鸭1只，党参20克，黄芪20克，陈皮丝10克，猪肉100克，葱段20克，姜片10克，清汤60毫升

调料

料酒20毫升，酱油、盐、食用油各适量

做法

1. 党参、黄芪洗净切成斜片。
2. 鸭洗净剁去头、脚，抹上酱油，下入热油锅中炸一会儿捞出，沥干油，盛入砂锅中；猪肉切块，汆水后洗净，放入砂锅。
3. 加入水和其他材料、调料，烧沸后改用小火焖至鸭肉烂熟，取出，用纱布滤净原汤待用；将鸭拆去大骨，斩成块，摆好后注入原汤即成。

百花酿蛋卷

材料

香菇5朵，鸡蛋3个，五花肉300克，上海青6棵

调料

盐、鸡精各3克，水淀粉6毫升，食用油适量

做法

1. 香菇洗净切粒；五花肉洗净剁碎，加入少许盐、鸡精腌渍；鸡蛋打入碗内，加少许盐搅拌均匀。
2. 油烧热，倒入蛋液煎成蛋皮，取出备用。
3. 蛋皮铺开，铺上碎肉与香菇粒，卷成卷，切成段，装盘，上蒸锅蒸5分钟；取出，盘中摆上烫熟的上海青，淋上用蛋清、水淀粉勾芡的芡汁即可。

荷包里脊肉

材料

猪里脊肉、生菜各100克，鸡蛋4个，火腿52克，红椒粒适量

调料

料酒5毫升，盐3克，食用油适量

做法

1. 猪里脊肉洗净切丁，火腿剁碎，将二者加盐和料酒拌匀；生菜洗净平铺在盘里。
2. 鸡蛋打入碗中，加盐搅匀，油烧热，倒入蛋液煎成蛋皮，取出，将肉馅放蛋皮上，折过来包住肉馅捏紧呈荷包状；油烧热，将荷包里脊炸2分钟，捞出放在生菜盘里，撒上红椒粒即可。

芙蓉猪肉笋

材料

猪肉50克，笋干100克，香菇5朵，红椒2个，鸡蛋3个，葱花适量

调料

酱油、盐、味精各适量

做法

1. 将猪肉洗净切成片；笋干泡发洗净切粗丝；香菇、红椒洗净切细丝备用。
2. 将以上材料放入锅中，放酱油、盐、味精炒至熟备用。
3. 将鸡蛋打入盆中，再加入适量的水，一起拌均匀，放入锅中蒸2分钟至稍凝固，再将炒熟的材料倒入中间继续蒸3~5分钟至熟，撒上葱花即可。

火腿鸽子

材料

乳鸽2只，熟火腿片100克，葱末、姜末各适量，清汤适量

调料

料酒、盐、味精各适量

做法

1. 将鸽子洗净，再下开水汆烫，捞出。
2. 鸽子放入盘内，加部分葱末、姜末、料酒、盐、味精，蒸至七成熟，取出，去骨头；将鸽肉放在汤碗内的一边，另一边放熟火腿片。
3. 将清汤倒入盛鸽肉的汤碗内，加盖，上笼蒸至鸽肉烂熟，取出撒上少许葱末即可。

卤鹅片拼盘

材料

鹅肾100克，鹅肉100克，鹅翅200克，豆腐2块，卤蛋2个

调料

卤汁300毫升，酱油10毫升，盐、味精各2克，食用油适量

做法

1. 鹅肉、鹅肾、鹅翅、豆腐洗净，入油锅炸至金黄。
2. 把水烧开，将以上材料放入锅中烫熟；取出，再用凉开水冲15分钟，沥干，加入卤汁、盐和味精浸泡30分钟；再切件，装盘，加酱油，淋上卤汁，盘边摆上切开的卤蛋即可。

补骨脂猪腰汤

材料

补骨脂50克，猪腰1副，莲子、核桃仁各40克，姜片适量

调料

盐2克

做法

1. 补骨脂、莲子、核桃仁分别洗净浸泡；猪腰剖开除去白色筋膜，用盐反复揉洗，用清水冲净。
2. 将所有材料放入砂锅中，注入清水，大火煮沸后转小火煮2个小时。
3. 加入盐调味即可。

雪里蕻黄鱼

材料

黄鱼1条，雪里蕻100克，红椒2个

调料

料酒10毫升，盐5克，胡椒粉3克，熟油15毫升，酱油8毫升，白糖12克

做法

1. 将黄鱼宰杀洗净，在鱼身上划两刀，用料酒、盐和胡椒粉腌20分钟；红椒洗净切末；雪里蕻洗净，切末。
2. 鱼放入盘中，放上雪里蕻和红椒末，调入熟油、酱油、白糖和适量水。
3. 盖上保鲜膜后放入微波炉中加热7分钟取出即可。

山药鸡汤

材料

山药250克，胡萝卜1根，鸡腿1只

调料

盐3克

做法

1. 山药削皮，洗净切块；胡萝卜削皮洗净；鸡腿剁块，汆水，捞起冲洗。
2. 鸡腿肉、胡萝卜下锅，加水煮开后炖15分钟，下山药后用大火煮沸，再改用小火续煮10分钟，加盐调味即可。

白萝卜羊肉汤

材料

羊肉200克，白萝卜50克，羊骨汤400毫升，葱段、姜片、香菜各适量

调料

盐、料酒、胡椒各适量

做法

1. 羊肉洗净切块，汆水；白萝卜洗净切块，焯熟；香菜洗净切末。
2. 将羊肉、羊骨汤、料酒、胡椒、葱段、姜片下锅，烧沸后小火炖1个小时，加入盐、白萝卜再炖30分钟，至羊肉熟烂，撒上香菜末即可。

老鸭猪蹄煲

材料

老鸭250克，猪蹄200克，红枣4颗，上海青菜心适量

调料

盐适量

做法

1. 将老鸭洗净斩块汆水；猪蹄洗净斩块汆水备用；红枣洗净；上海青菜心洗净。
2. 净锅上火倒入适量水，调入盐，下入老鸭、猪蹄、红枣煲至熟，再下入上海青菜心略汆烫即可。

养元益肾篇

肾为先天之本，主管人的生长、发育、生殖，并能调和各脏腑之间的生理活动；元是元气，是人的原始之气，元气主藏于肾中。肾强则精气充盛，肢体轻盈，头发黑亮；肾衰则精神萎靡，体弱衰老，面色无华。故养生先固元，固元则益肾。本篇根据不同食材的健康搭配，精选养元益肾食方，让读者吃出好身体、好容颜。

凉拌韭菜

材料

韭菜250克，红椒1个

调料

酱油10毫升，白糖5克，香油5毫升

做法

1. 韭菜洗净，去头尾，切5厘米长段；红椒去蒂和籽，洗净，切丝备用。
2. 所有调料放入碗中调匀成味汁备用。
3. 锅中倒入适量水煮开，将韭菜放入水中烫1分钟，用凉开水冲凉后沥干，盛入盘中，放入红椒及调好的味汁拌匀即可。

彩椒酿韭菜

材料

彩椒2个，青椒块、红椒块各100克，虾皮10克，韭菜50克，葱丝、姜丝、蒜片各5克

调料

盐3克，食用油适量

做法

1. 彩椒从蒂部挖开，去蒂及籽，洗净，用锡纸包住，放入微波炉中用大火烤至表面有糊痕。
2. 韭菜洗净切段；虾皮洗净入沸水中汆熟。
3. 锅中加食用油烧热，先爆香葱丝、姜丝、蒜片，再放韭菜、虾皮、青椒块、红椒块炒匀，调入盐炒1分钟，把炒好的韭菜、青椒块、红椒块、虾皮装入彩椒即可。

核桃仁牛肉汤

材料

核桃仁100克，牛肉210克，腰果50克，枸杞子8克，葱花8克

调料

盐3克，鸡精2克

做法

1. 将牛肉洗净，切块，汆水；核桃仁、腰果、枸杞子洗净备用。
2. 汤锅上火倒入清水，放入牛肉、核桃仁、腰果、枸杞子，调入盐、鸡精，煲至熟，撒入葱花即可。

蜜汁糖藕

材料

莲藕200克，糯米适量

调料

桂花糖、蜂蜜各适量

做法

1. 莲藕洗净，切去两头；糯米洗净泡发；桂花糖、蜂蜜加开水调成糖汁。
2. 把泡发好的糯米塞进莲藕孔中，压实，放入蒸笼中蒸熟，取出。
3. 待莲藕凉后，切片，淋上糖汁即可。

越南黑椒牛柳

材料

牛柳　200克
洋葱　适量
红椒　适量
青椒　适量
黄椒　适量
香菇　适量

调料

黑胡椒碎　5克
料酒　10毫升
盐　4克
胡椒粉　4克
苏打粉　4克
食用油　适量

做法

1. 将牛柳洗净切粒；洋葱洗净切片；黄椒、红椒、青椒、香菇洗净切片；牛柳粒放入苏打粉、胡椒粉、盐腌10分钟。
2. 热油锅炒香青椒、黄椒、红椒、香菇、洋葱，倒入牛柳粒，用大火炒；加料酒、黑胡椒碎和适量水，大火炒至水干，起锅装盘即可。

冰梅酱蒸排骨

材料

猪排骨500克，香菜段、红椒末各适量

调料

冰梅酱、盐、酱油、淀粉、香油各适量

做法

1. 排骨洗净斩段，放入大碗中，加入盐、冰梅酱、酱油、淀粉、香油腌10分钟。
2. 将腌好的排骨放入蒸锅中，以中火蒸30分钟，取出，撒上香菜段、红椒末即可。

荷兰豆炒腊肉

材料

荷兰豆150克，腊肉200克，红椒50克

调料

盐3克，鸡精2克，料酒、醋、食用油各适量

做法

1. 荷兰豆去掉老筋洗净，切段；腊肉泡发洗净，切片；红椒去蒂洗净，切片。
2. 热锅下油，放入腊肉略炒片刻，再放入荷兰豆、红椒炒至五成熟时，加盐、鸡精、料酒、醋炒至入味，待熟装盘即可。

红油拌猪肚丝

材料

猪肚500克，葱花适量

调料

盐、味精、白糖各适量，酱油5毫升，红油10毫升，香油10毫升

做法

1. 将猪肚洗干净，放入开水锅中煮熟捞出。
2. 待猪肚晾凉，切成3厘米长的细丝备用。
3. 取酱油、红油、香油、盐、味精、白糖、葱花兑汁调匀，淋在猪肚丝上，翻拌均匀即可。

韭黄炒猪肚丝

材料

猪肚600克，韭黄200克，红椒15克

调料

盐3克，料酒、白醋、食用油各适量

做法

1. 猪肚洗净，加料酒煮熟，捞出切丝；韭黄洗净，切段；红椒洗净，切丝。
2. 锅中倒油烧热，爆香红椒，放入猪肚拌炒；加入韭黄炒熟，再加入盐、白醋调匀即可。

椒香猪肚丝

材料

猪肚500克，青椒、红椒各1个，姜丝、葱花、蒜蓉、白芝麻各适量

调料

盐、红油、料酒各适量

做法

1. 将猪肚洗净，加姜丝、料酒煮熟，放凉后切丝。
2. 青椒、红椒均洗净切丝。
3. 在装有猪肚丝的碗中调入盐、青椒丝、红椒丝、红油、蒜蓉、葱花、白芝麻，拌匀即可。

泡椒牛肉花

材料

牛肉丸子300克，泡椒、泡姜各50克，葱丝5克，高汤500毫升

调料

味精2克，白糖5克，料酒3毫升，盐3克，香油10毫升，食用油适量

做法

1. 牛肉丸子对剖，切十字花刀，入沸水锅中煮至八成熟；泡姜切片。
2. 锅上火，注油烧热，下泡椒、泡姜炒出香味，加高汤烧沸。
3. 下牛肉花、盐、味精、白糖、料酒，中火收汁入味，最后淋入香油，起锅撒上葱丝即可。

鲍汁鸡

材料

鸡　1只

上海青　250克

鲍汁　适量

调料

味精　2克

盐　5克

酱油　5毫升

蚝油　5毫升

香油　3毫升

做法

1. 上海青洗净，入沸水烫熟后铺盘备用；鸡处理干净后，用清水洗净，加盐、味精腌渍10分钟至入味。
2. 再将鸡用煲汤袋装起捆紧。
3. 鲍汁入锅，放入鸡一起煮开，调入其余调料，用小火煲2个小时出锅，拆去煲汤袋，放在上海青上即成。

八角烧牛肉

材料

牛肉400克，白萝卜30克，高汤适量

调料

盐2克，花椒5克，八角15克，白糖、豆瓣酱、食用油各适量

做法

1. 牛肉、白萝卜洗净切块，汆水沥干。
2. 锅中加食用油烧热，放入豆瓣酱、八角、花椒炒至油呈红色；加高汤和牛肉、盐、白糖烧开，改用小火烧至牛肉熟烂；再放入白萝卜，烧至汁浓料熟即可。

翡翠牛肉粒

材料

豌豆300克，牛肉100克，白果仁20克

调料

盐3克，食用油适量

做法

1. 豌豆、白果仁分别洗净沥干；牛肉洗净，切成粒。
2. 锅中倒少许食用油烧热，下入牛肉炒至变色，盛出。
3. 洗净锅再倒油烧热，下入豌豆和白果仁炒熟，倒入牛肉炒匀，加盐调味即可。

小炒牛肚

材料

牛肚1个，红椒圈50克，蒜苗段20克

调料

盐4克，味精2克，酱油6毫升，红油10毫升，香油、蚝油各5毫升，食用油适量

做法

1. 将牛肚清洗干净，切片，放入烧热的油锅里，炸至金黄色，捞出备用。
2. 锅上火，入油烧热，放入红椒圈炒香，加入牛肚，放入蒜苗段，下入其余调料炒至入味即可。

胡萝卜牛肉丝

材料

胡萝卜150克，牛肉50克，葱花、姜末各少许

调料

酱油10毫升，盐、淀粉、食用油各适量

做法

1. 牛肉洗净切丝，用葱花、姜末、酱油腌渍10分钟后再用淀粉拌匀。
2. 胡萝卜洗净去皮，切丝。
3. 炒锅中入油，将腌好的牛肉丝入油锅迅速翻炒，变色后将牛肉丝拨在炒锅的一角，沥出油来炒胡萝卜丝。
4. 胡萝卜丝变熟后混合牛肉丝一起炒匀，加盐调味即可

胡萝卜烧羊肉

材料

羊肉600克，胡萝卜300克，香菜、姜片、橙皮各适量

调料

料酒、盐、酱油、食用油各适量

做法

1. 羊肉、胡萝卜分别洗净切块。
2. 油锅烧热，放姜片爆香，倒入羊肉翻炒5分钟，加料酒炒香后再加盐、酱油和冷水，加盖焖烧10分钟，倒入砂锅内。
3. 放入胡萝卜、橙皮，加水烧开，改用小火慢炖2个小时，盛出撒上香菜即可。

爆炒羊肚丝

材料

羊肚300克，姜、葱、蒜各10克，洋葱、青椒、红椒各15克，干红椒段10克

调料

花椒3克，酱油5毫升，盐5克，白糖适量，食用油适量

做法

1. 羊肚洗净；葱、姜、蒜洗净切片；洋葱、青椒、红椒均洗净切丝。
2. 羊肚入锅煮熟后切成丝，再入油锅炸香后捞出。
3. 葱、姜、蒜、花椒炒香，加入洋葱、干红椒、青椒、红椒爆炒；再下入羊肚丝，调入盐、白糖、酱油，炒至入味即可。

白切大靓鸡

材料

公鸡1只，姜片15克，葱段10克

调料

盐3克，味精3克

做法

1. 鸡洗净；锅上火，注入适量清水烧开，放入姜片、葱段和鸡煮熟。
2. 取出鸡沥干，放凉，切件，调入盐、味精拌匀即可。

咖喱鸡

材料

鸡腿500克，土豆150克，椰浆200毫升，蒜15克，香菜适量

调料

盐3克，酱油、白糖、咖喱粉、食用油各适量

做法

1. 鸡腿洗净，剁块，加入酱油、白糖、咖喱粉拌匀。
2. 土豆去皮，洗净，切块；蒜洗净拍碎。
3. 起油锅，放入蒜及土豆块炒香，加入鸡腿、咖喱粉、椰浆、盐及适量水，炒匀。盛入电饭锅内锅，放入电饭锅中，外锅加适量水，蒸熟取出，撒上香菜即可。

草菇烧鸭

材料

鸭半只，草菇200克，红椒1个，姜片10克，葱10克，高汤200毫升

调料

盐5克，蚝油10毫升，米酒10毫升，淀粉5克，食用油适量

做法

1. 草菇洗净去蒂，对切；红椒洗净切斜片；葱洗净切段；鸭洗净，滤干水分，切小块，用盐、部分姜片略腌。
2. 起油锅爆香姜、红椒，放入草菇、鸭块，加蚝油大火炒熟。
3. 再注入高汤、米酒焖至熟，下葱段，用淀粉勾芡调味，起锅即可。

金针菜海参鸡

材料

金针菜10克，海参200克，鸡腿1只，当归10克，黄芪15克，枸杞子15克，红枣5颗

调料

盐3克

做法

1. 当归、黄芪、枸杞子洗净，用纱布袋包起，加水熬取汤汁；金针菜洗净泡软；海参、鸡腿洗净，切成块，分别用热水汆烫，捞起。
2. 将金针菜、海参、鸡腿、红枣一起放入锅中，加入药材汤汁、盐，煮至熟即可。

枸杞蒸鸡

材料

枸杞子20克，乌鸡100克，红枣、姜各适量

调料

盐5克，鸡精3克，花雕酒10毫升

做法

1. 乌鸡洗净斩块；枸杞子洗净泡发；姜洗净切片。
2. 锅内注水烧开，放乌鸡块汆烫，捞出。
3. 将所有材料和调料放入盅内，加适量水，入蒸锅蒸30分钟，至乌鸡熟烂入味即可。

冬菜大酿鸭

材料

鸭肉500克，冬菜、猪瘦肉各200克，葱花、姜各35克，鲜汤250毫升

调料

花椒、味精、胡椒粉、料酒、酱油、盐、食用油各适量

做法

1. 鸭洗净，抹上少许料酒、盐、胡椒粉，放少许葱花、姜、花椒腌1个小时，上屉蒸熟，放凉后切长方块，放入大碗内待用。
2. 将冬菜洗净后切成细末；猪瘦肉洗净后切成小片。
3. 起油锅，下肉片炒干水分，烹入少许料酒、酱油、味精，加入冬菜炒匀；再加入鲜汤，用小火收汁，起锅倒在鸭肉上，撒上少许葱花即可。

黄焖朝珠鸭

材料

鸭肉300克，鹌鹑蛋200克，草菇50克，胡萝卜30克，葱2根，姜1块

调料

料酒5毫升，盐、淀粉各5克，胡椒粉4克，食用油适量

做法

1. 鸭肉洗净剁块；胡萝卜洗净削球形；葱洗净切段；姜洗净切片；草菇洗净。
2. 鹌鹑蛋煮熟后，剥去蛋壳；鸭肉块汆烫熟，滤除血水备用。
3. 油锅烧热，下姜片、葱段爆香，加鸭肉、草菇、胡萝卜炒熟，调入料酒、盐、胡椒粉，加入鹌鹑蛋，用淀粉勾芡即可。

御府鸭块

材料

鸭肉750克，腐竹、豆腐泡、冬笋、口蘑、火腿各50克，干贝、姜、葱、奶汤各适量

调料

味精、盐、香油、食用油、料酒各适量

做法

1. 鸭肉剁块，放入沸水中汆透，捞出洗净。
2. 干贝去筋洗净；口蘑洗去泥沙；腐竹泡软切成寸段；冬笋拍松再用手掰成块；火腿切成骨牌块；将冬笋、腐竹、豆腐泡入开水锅中汆透，捞出沥水备用。
3. 炒锅入食用油烧热，放入拍松的葱、姜，煸出香味；烹入料酒，加入奶汤、盐、味精，把鸭块和做法2的配料放入锅内同煮；撇去浮沫，倒入砂锅内用小火炖至鸭块熟烂，淋入香油即可。

白果炒鹌鹑

材料

白果50克，鹌鹑150克，平菇60克，青椒、红椒各80克，姜末、葱段各适量

调料

盐3克，白糖2克，水淀粉、食用油各适量

做法

1. 鹌鹑取肉洗净切丁，下盐、水淀粉腌好；青椒、红椒、平菇洗净后切丁；白果洗净，入笼蒸熟。
2. 炒锅下油，加入姜末爆香，放入鹌鹑丁、平菇丁、白果、青椒丁、红椒丁，再调入盐、白糖、葱段爆炒至干香即成。

韭黄炒鹅肉

材料

鹅脯肉200克，韭黄100克，泡椒、红椒丝各5克，蛋清、姜片各适量

调料

盐、淀粉、水淀粉、食用油各适量

做法

1. 鹅肉洗净切丝，加少许盐、淀粉、蛋清上浆；韭黄洗净切段；泡椒洗净切成丝。
2. 锅内加油烧热，下鹅肉丝炒熟，盛出。
3. 锅留底油，加姜片、泡椒爆香，放入鹅肉、韭黄、红椒丝炒熟，加少许盐调味，以水淀粉勾芡即可。

香酥鹌鹑

材料

鹌鹑2只，葱段、姜片各5克，红椒粒适量

调料

酱油15毫升，料酒25毫升，白糖10克，花椒5克，醋10毫升，盐2克，花椒盐5克，食用油、淀粉、八角各适量

做法

1. 将鹌鹑洗净，放入碗内，加酱油、盐、料酒、白糖、醋、花椒、八角、葱段、姜片，加入水没过鹌鹑。
2. 将盛鹌鹑的碗盖严，上笼用大火、沸水蒸至熟，去掉汤水和调料，用淀粉抹匀鹌鹑皮表面，稍凉片刻待用。
3. 锅上火，加油烧热，放入鹌鹑炸到皮起脆，装盘撒上红椒粒，随花椒盐一起上桌即可。

干贝蒸水蛋

材料

鸡蛋3个，干贝、葱花各10克

调料

盐2克，白糖1克，淀粉5克，香油适量

做法

1. 鸡蛋在碗里打散，加入干贝和除香油外的所有调料搅匀。
2. 将鸡蛋放在锅里隔水蒸12分钟，至鸡蛋凝结取出。
3. 蒸好的鸡蛋撒上葱花，再淋上香油即可。

京都片皮鸭

材料

光鸭　1只
葱　2根
姜　2片
千层饼　24张

调料

麦芽糖　10克
淮盐　15克
海鲜酱　50克
八角　3粒

做法

1. 先在光鸭右翼底开孔，取出肠、内脏、喉管等，洗净内膛，用竹筒撑在胸内；麦芽糖溶解于20毫升的开水中备用。
2. 用沸水烫鸭皮，上糖皮（用麦芽糖开水涂鸭身），再用两条竹枝撑开两翼，晾干。
3. 把其余调料、姜、葱放入鸭内膛，并在鸭肛门加上木塞，上叉，用小火先烤头尾，再用大火把鸭烤至大红色，与千层饼同上桌即可。

椒丁炒虾仁

材料

虾仁200克，青椒50克，红椒50克，鸡蛋1个

调料

味精、盐、胡椒粉、淀粉、食用油各适量

做法

1. 青椒、红椒洗净，切丁备用；鸡蛋打散，搅拌成蛋液。
2. 虾仁洗净，放入鸡蛋液、淀粉、少许盐腌渍后过油，捞起待用。
3. 锅内留油少许，下青椒、红椒炒香，再放入虾仁翻炒入味，起锅前放入胡椒粉、味精、盐调味即可。

杏仁苹果鱼汤

材料

南杏仁、北杏仁各25克，苹果1个，鱼300克，猪瘦肉150克，红枣5克，姜2片

调料

盐5克，食用油适量

做法

1. 鱼洗净；炒锅下油，爆香姜片，将鱼两面煎至金黄色。
2. 猪瘦肉洗净，汆水；南杏仁、北杏仁用温水浸泡，去皮、尖；苹果去皮、心，1个切成4块。
3. 将清水放入瓦煲内，煮沸后加入所有材料，大火煲滚后，改用小火煲2.5个小时，加盐调味即可。

茶树菇蒸鳕鱼

材料

鳕鱼300克，茶树菇、红椒各75克，高汤50毫升

调料

盐4克，黑胡椒粉1克，香油6毫升

做法

1. 鳕鱼洗净，两面均匀抹上盐、黑胡椒粉腌5分钟，置入盘中备用。
2. 茶树菇洗净切段，红椒洗净切细条，都铺在鳕鱼上面。
3. 将高汤淋在鳕鱼上，放入蒸锅中，以大火蒸20分钟，取出淋上香油即可。

韭苔炒虾仁

材料

韭苔、虾仁各200克，姜5克

调料

味精1克，盐4克，食用油适量

做法

1. 韭苔洗净后切成段；虾仁洗净；姜洗净后切片。
2. 锅上火，加油烧热，下入虾仁炒至变色。
3. 再加入韭苔、姜片，炒至熟软后，调入盐、味精即可。

龙须菜炒虾仁

材料

龙须菜300克，虾仁150克

调料

盐4克，味精2克，食用油适量

做法

1. 龙须菜择去老叶洗净；虾仁洗净备用。
2. 锅中加水和少许油烧沸，下入龙须菜稍烫后捞出，沥干。
3. 锅洗净加油烧热，下入虾仁爆香后，加入龙须菜及盐、味精稍炒即可。

银耳木瓜盅

材料

银耳20克，木瓜1个(约250克)，莲子适量

调料

冰糖适量

做法

1. 木瓜洗净后在1/3处切开，去掉内瓤，并在开口处切一圈花边，制成木瓜盅。
2. 银耳泡发；莲子去心洗净待用。
3. 将银耳和莲子放入木瓜盅内，加入少许冰糖，倒入适量清水，置于蒸锅中，隔水蒸熟即可。

拌猪耳丝

材料
猪耳朵500克，香菜、葱段、姜片各15克

调料
酱油10毫升，醋、料酒各5毫升，辣椒酱、白糖各5克，红油5毫升，盐3克

做法
1. 猪耳朵刮洗干净，放入沸水中汆去血水，捞出；再放入另一锅沸水中煮熟后捞出，冷却后切丝。
2. 将所有调料和葱段、姜片一起拌匀成调味汁待用。
3. 将猪耳丝装入碗中，淋上调味汁拌匀，盛盘撒上香菜即可。

千层猪耳

材料
猪耳500克

调料
盐5克，卤汁500毫升，味精2克

做法
1. 卤汁倒入锅中，调入盐、味精。
2. 猪耳洗净，放入卤汁卤熟，捞出晾凉。
3. 切片摆盘即可。

黄瓜猪耳片

材料

猪耳300克，葱、黄瓜各50克，红椒圈适量

调料

盐、白糖、香油、酱油、红油各适量

做法

1. 黄瓜用水洗净，切成长形薄片；葱洗净切细丝。
2. 将猪耳洗净煮熟，晾凉后切成细丝；所有材料摆入盘中造型。
3. 将所有调料调成味汁，浇在盘中即可。

麻辣猪耳丝

材料

猪耳350克，花生、白芝麻各适量

调料

盐2克，鸡精1克，花椒、辣椒油、食用油各适量

做法

1. 猪耳洗净，切丝。
2. 锅中注油烧热，放入花椒、花生、辣椒油、白芝麻炒香，加入猪耳爆炒至熟。
3. 加入盐、鸡精调味，起锅装盘即可。

五彩猪骨锅

材料

猪骨500克，白萝卜、胡萝卜、玉米各200克，芹菜段30克

调料

盐、味精各适量

做法

1. 猪骨洗净，剁块；白萝卜洗净去皮，切成大块；胡萝卜洗净切块；玉米洗净切段。
2. 将猪骨、白萝卜、胡萝卜、玉米、芹菜段放入砂煲里，加水烧开转小火炖烂。
3. 加入盐、味精调味即可。

杞栗羊肉汤

材料

枸杞子20克，羊肉150克，板栗30克，吴茱萸、桂枝各10克

调料

盐5克

做法

1. 将羊肉洗净，切块；板栗去壳，洗净切块；枸杞子洗净，备用。
2. 吴茱萸、桂枝洗净，煎取药汁备用。
3. 锅内加水，放入羊肉块、板栗块、枸杞子，大火煮沸，改用小火煮20分钟，再倒入药汁，续煮10分钟，加入盐调味即可。

美花菌菇汤

材料

西蓝花、花菜各75克，香菇125克，鸡脯肉50克，高汤适量

调料

盐4克

做法

1. 将西蓝花、花菜洗净掰成小朵；香菇洗净；鸡脯肉洗净切块，汆水备用。
2. 净锅上火倒入高汤，下入西蓝花、花菜、香菇、鸡脯肉，煲至熟，调入盐即可。

菱藕排骨汤

材料

莲藕、菱角各200克，排骨200克，胡萝卜1段

调料

盐3克，白醋5毫升

做法

1. 排骨剁块汆烫，捞起冲净；莲藕削皮、洗净、切片；菱角汆烫，捞起，剥净外皮。
2. 将上述材料盛入炖锅，加水至盖过材料，加入白醋，以大火煮开，转小火炖35分钟，加盐调味即可。

白萝卜煲鸭

材料

鸭肉250克，白萝卜175克，枸杞子5克，姜片3克，香菜少许

调料

盐适量

做法

1. 将鸭肉洗净斩块氽水；白萝卜洗净去皮切方块；枸杞子洗净备用。
2. 净锅上火倒入水，下入鸭块、白萝卜、枸杞子、姜片，调入盐；煲至熟，盛出后撒上香菜即可。

土豆煲牛肉

材料

土豆1个，牛肉300克，姜适量

调料

酱油、盐、料酒各适量

做法

1. 牛肉洗净切成块状；姜洗净去皮切片；土豆洗净去皮，切滚刀块。
2. 水烧开，放入牛肉块氽烫，捞出沥水。
3. 瓦煲加清水，放入牛肉，煲至熟，放入土豆与姜片，改用中火煲至熟烂，加调料调味即可。

明虾海鲜汤

材料

大明虾2只，西红柿2个，洋葱1个，西蓝花50克

调料

盐3克

做法

1. 明虾洗净。
2. 西红柿洗净，切块；洋葱剥膜，洗净，切小块。
3. 西蓝花切小块，撕去梗皮，洗净。
4. 锅中加适量水，开中火，先下西红柿、洋葱熬汤，煮25分钟，继续下入明虾、西蓝花煮熟，加盐调味即可。

滋补甜汤

材料

薏米、银耳各适量，莲子、桂圆肉、红枣各适量

调料

红糖6克

做法

1. 将薏米、莲子、桂圆肉、红枣洗净浸泡；银耳泡发洗净撕成小朵备用。
2. 汤锅上火倒入水，下入薏米、银耳、莲子、桂圆、红枣煲至熟，调入红糖搅拌均匀即可。

银耳补益汤

材料

银耳120克，菜心30克，葱末、姜末各5克，当归、党参、枸杞子各2克

调料

盐、鸡精各3克，香油、食用油各适量

做法

1. 将银耳洗净，撕成小朵泡发；菜心洗净，备用。
2. 净锅上火倒油烧热，将葱末、姜末、当归、党参、枸杞子炒香，倒入水，调入盐、鸡精；待水烧开，下入银耳、菜心，淋入香油即可。

红毛丹银耳汤

材料

西瓜50克，红毛丹50克，银耳100克

调料

冰糖适量

做法

1. 银耳泡水、去蒂头，切成小块，入滚水烫熟，沥干；西瓜去皮，切小块；红毛丹去皮、去籽。
2. 冰糖加适量水熬成汤汁，待凉。
3. 西瓜、红毛丹、银耳、冰糖水放入碗中，拌匀即可。

鸡蛋小米羹

材料

牛奶50毫升，鸡蛋1个，小米100克，葱花适量

调料

白糖5克

做法

1. 小米洗净，浸泡片刻；鸡蛋煮熟后切碎。
2. 锅置火上，注入清水，放入小米，煮至八成熟。
3. 倒入牛奶，煮至米烂，再放入鸡蛋，加白糖调匀，撒上葱花即可。

鸽肉红枣汤

材料

鸽子1只，莲子60克，红枣25克，姜片5克

调料

盐3克，味精2克，食用油适量

做法

1. 鸽子洗净斩块；莲了、红枣泡发，洗净。
2. 鸽肉下入沸水中汆去血水后，捞出沥干。
3. 锅上火，加油烧热，用姜片炝锅，下入鸽块稍炒；加适量清水，下入红枣、莲子一起炖35分钟至熟，放盐和味精调味即可。

鹌鹑桂圆煲

材料

鹌鹑2只，水发百合12克，桂圆6颗，枸杞子、葱段各适量

调料

盐适量

做法

1. 将鹌鹑洗净剁成块汆水；水发百合、桂圆、枸杞子清理干净备用。
2. 净锅上火倒入水，调入盐，下入鹌鹑、水发百合、桂圆、枸杞子煲至熟，撒上葱段即可。

青螺炖鸭

材料

鸭半只（约450克），鲜青螺肉200克，熟火腿25克，水发香菇150克，葱段、姜片各10克，枸杞子5克，葱花适量

调料

盐、冰糖各适量

做法

1. 鸭洗净，汆水后捞出，转放砂锅中，加适量水用大火烧开，撇去浮沫；转小火，加盐、葱、姜、冰糖，炖至熟。
2. 火腿、香菇切丁，与枸杞子、洗净的青螺一同入砂锅，加适量水用大火烧10分钟。
3. 捞起鸭，剔去大骨，保持原形，大骨垫碗底，鸭肉盖上面；挑去葱、姜，放上其他食材，浇上原汤，撒上葱花即可。

PART 3

利肝清肠篇

肝可以帮助分解体内多余的蛋白质、脂肪以及维生素、矿物质等物质，还可以清除体内的各种有害物质。同时因为大肠是人体消化和吸收的最后一个器官，如果毒素不及时排出，就会导致与大肠有关的各种疾病的产生，因此利肝的同时也要清肠道，这样才能彻底排出毒素，一身轻松。

泡椒基围虾

材料

基围虾250克，泡红椒150克，芹菜10克，姜适量

调料

盐5克，味精、鸡精各1克，料酒10毫升，咖啡糖、食用油各适量

做法

1. 基围虾先过沸水；泡红椒洗净去蒂；芹菜洗净切菱形片；姜洗净切片。
2. 锅中放少许油，下入姜、芹菜、泡红椒、基围虾翻炒。
3. 调入盐、味精、鸡精、料酒和咖啡糖，翻炒2分钟即可。

蓝莓山药

材料

山药250克

调料

蓝莓酱适量

做法

1. 山药去皮切条，入开水中煮熟，然后放在冰水里冷却后摆盘。
2. 将蓝莓酱均匀淋在山药上即可。

酸辣荸荠

材料

荸荠300克，泡红椒20克

调料

白醋10毫升，白糖8克，老盐水80毫升，盐10克

做法

1. 荸荠洗净，放入盐水中浸泡20分钟。
2. 白醋、白糖和老盐水拌匀，加入泡红椒制成泡菜水。
3. 放入用盐水浸过的荸荠，密封泡24个小时即可食用。

酒酿荸荠

材料

荸荠400克，枸杞子20克

调料

酒酿20毫升

做法

1. 将荸荠去皮洗净；枸杞子洗净，沥干水分备用。
2. 把荸荠整齐码入盘中，盖上酒酿，淋入酒酿汁水，撒上枸杞子即可。

鱼香羊肝

材料

羊肝	200克
姜末	5克
蒜末	5克
葱花	5克
泡椒	15克

调料

盐	5克
酱油	15毫升
淀粉	15克
味精	适量
料酒	适量
白糖	10克
陈醋	35毫升
食用油	适量

做法

1. 羊肝洗净切成片，加盐、料酒、酱油腌渍入味。
2. 油锅烧热，放入羊肝滑散后捞出。
3. 爆香姜末、蒜末、泡椒，加入羊肝、白糖、味精，下入陈醋，用淀粉勾芡起锅，撒上葱花即可。

1 2 3

宝塔菜心

材料

菜心300克，花生仁、枸杞子、火腿丁各适量

调料

香油15毫升，盐3克，鸡精1克，食用油适量，白糖适量

做法

1. 将菜心洗净，剁碎，入沸水锅中焯水至熟，捞起沥干水分；花生仁洗净，入油锅炸至表皮微红，捞出沥油；枸杞子洗净，稍过水。
2. 将所有材料加盐、鸡精、香油、白糖搅拌均匀，装盘压成宝塔形即可。

菊花豆角

材料

豆角300克，菊花100克，圣女果适量

调料

盐3克，鸡精1克

做法

1. 豆角洗净，斜切成段，入沸水锅中焯水后捞出，摆盘；菊花洗净，焯水，摆盘。
2. 加盐和鸡精调味，倒在豆角上，盘边摆上圣女果装饰即可。

竹笋炒豆角

材料

竹笋350克，豆角150克，红椒3个，姜片、蒜片各适量

调料

味精1克，盐3克，白糖5克，胡椒粉1克，淀粉适量，食用油适量

做法

1. 将竹笋去壳、去老根，洗净切片；豆角去筋，洗净切段；红椒洗净切斜片。
2. 豆角及竹笋入沸水锅内焯一下，捞起沥干水分。
3. 炒锅置中火上，放油烧热，投入姜片、蒜片、红椒、豆角和笋片炒香，再将其余调料（淀粉除外）加入炒匀，用淀粉勾芡即成。

辣子竹笋

材料

干笋150克，朝天椒50克，姜丝10克，蒜粒、葱各适量

调料

盐、花椒、白糖、味精、淀粉、食用油各适量

做法

1. 干笋泡发洗净，切成片备用；葱洗净切马耳形；朝天椒洗净。
2. 锅下油烧热，放入朝天椒炒香，再放入姜、葱、蒜粒、花椒略炒，投入笋片炒匀。
3. 加入适量盐、味精、白糖炒至入味，用淀粉勾薄芡，起锅装盘即可。

冬笋烩豌豆

材料

香菇、豌豆各100克，姜片、葱段各5克，冬笋、西红柿各50克，高汤适量

调料

水淀粉15毫升，盐3克，味精1克，香油3毫升，食用油适量

做法

1. 豌豆洗净，沥干水；香菇、冬笋洗净，切小丁。
2. 西红柿划十字花刀，放入沸水中烫一下，捞出撕去皮，切小丁。
3. 锅置大火上，加油烧至五成热时，爆香姜片、葱段，放入豌豆、冬笋丁、香菇丁、西红柿丁炒匀，放盐、味精调味，以水淀粉勾薄芡，淋上香油即可。

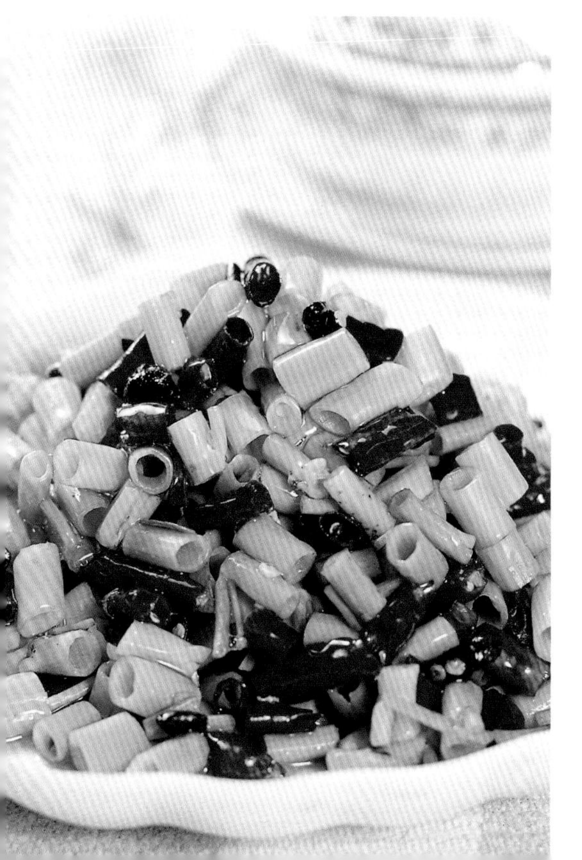

炒空心菜梗

材料

空心菜500克，豆豉、蒜各10克，干红椒50克

调料

盐3克，味精1克，陈醋10毫升，食用油适量

做法

1. 将干红椒去蒂去籽洗净切段；蒜去皮洗净切粒备用；将空心菜择洗干净，去叶留梗，切小段备用。
2. 锅置于火上，注入油烧热，放入干红椒段、蒜粒、豆豉炒香。
3. 倒入空心菜梗，调入盐、味精、陈醋，炒匀入味即可。

蒜香炒青椒

材料

青椒200克，红椒20克，蒜适量

调料

盐2克，味精1克，酱油5毫升，食用油适量

做法

1. 青椒洗净，去籽，切成长条；红椒洗净，去籽切丁；蒜去皮，剁成蓉。
2. 油锅烧热，下青椒炒至断生，加入蒜蓉、盐、味精炒匀。
3. 出锅后加入酱油拌匀，撒上红椒丁即可。

鲮鱼油麦菜

材料

罐头豆豉鲮鱼1罐，油麦菜300克

调料

盐、鸡精各2克，食用油适量

做法

1. 油麦菜洗净备用；打开罐头豆豉鲮鱼，取出鲮鱼，切成小块。
2. 锅中加水烧沸，加食用油、盐、鸡精，放入油麦菜焯烫至熟，捞出沥干水分。
3. 将油麦菜整齐摆入盘中，放上豆豉鲮鱼拌匀即可。

清炒龙须菜

材料

龙须菜400克

调料

盐5克，味精1克，水淀粉3毫升，食用油适量

做法

1. 龙须菜切去尾部，清洗干净后切段。
2. 锅中加水烧沸，下入龙须菜焯烫片刻，捞出沥干水分。
3. 锅中倒入少许食用油，下入龙须菜翻炒，至熟放入盐和味精炒匀，再用水淀粉勾芡即可。

砂锅全鸭

材料

鸭胗、鸭心、鸭翅、鸭肉、鸭肝、鸭掌、粉丝各50克，姜20克，青豆适量，老汤800毫升

调料

料酒10毫升，盐3克，胡椒粉1克

做法

1. 鸭胗、鸭肝、鸭心、鸭掌、鸭翅、鸭肉均洗净，鸭肝切成6毫米厚的片，鸭心切片，鸭翅切块；粉丝泡发；姜洗净切片；青豆洗净。
2. 锅中注水烧开，放入鸭胗、鸭肝、鸭心、鸭掌、鸭翅、鸭肉汆烫，捞出过冷水。
3. 大砂锅内下入粉丝，然后把全鸭料依次码好，放入老汤，放入姜片、青豆、料酒、盐、胡椒粉，大火烧开，撇去浮沫，转小火焖半个小时左右，上桌即可。

清炒地三鲜

材料

土豆200克，红椒、青椒各50克

调料

盐3克，酱油、食用油各适量

做法

1. 将土豆去皮，洗净，切片；红椒、青椒洗净，切块。
2. 锅中倒油烧热，放入土豆、红椒、青椒翻炒。
3. 调入盐、酱油，炒熟即可。

彩椒黄豆

材料

黄豆300克，红椒、青椒各2个，蒜片、姜末各适量

调料

盐3克，鸡精3克，食用油适量

做法

1. 红椒、青椒洗净后切丁。
2. 锅中加水煮开后，放入黄豆过水煮熟，捞起沥水。
3. 锅中加少许食用油，放入蒜片、姜末爆香，加入黄豆、红椒、青椒炒熟，调入盐、鸡精炒匀即可。

香菇豆腐丝

材料

豆腐丝200克，香菇6朵，红椒2个

调料

白糖5克，盐、味精、食用油各适量

做法

1. 豆腐丝洗净稍烫，捞出晾凉切段，放盘内，加盐、白糖、味精拌匀。
2. 香菇洗净泡发，捞出去柄，切成细丝；将红椒去蒂和籽，洗净，切成细丝。
3. 油烧热，放入香菇丝和红椒丝炒香，将香菇、红椒丝倒在腌过的豆腐丝上，翻拌均匀即可。

拌神仙豆腐

材料

神仙豆腐300克，剁椒10克，葱3克

调料

盐3克，味精1克

做法

1. 将葱洗净后，切成葱花备用。
2. 锅内加水烧沸，下入神仙豆腐稍焯后捞出，装入碗内。
3. 神仙豆腐内加入剁椒、葱花、盐和味精，拌匀即可。

凉拌西瓜皮

材料

西瓜皮　500克
蒜　2克

调料

盐　3克
味精　2克
香油　15毫升
花椒　2克

做法

1. 将西瓜皮洗净，削去外皮，片去瓜瓤，再切成6厘米长的细条。
2. 将西瓜皮放入碗内，加入少许盐、凉开水，腌渍10分钟，沥干水分，放入盘内；花椒洗净；蒜剥去外皮，捣成泥，放入瓜丝盘内待用。
3. 炒锅上火，放入香油，烧至七成热，放入花椒，炸出香味，用漏勺去除花椒，将热油淋在西瓜丝上，撒上味精，拌匀即可。

八珍豆腐

材料

盒装豆腐1盒，皮蛋1个，咸蛋黄1个，榨菜20克，红椒2个，葱1根，松子仁、肉松各适量

调料

酱油、盐、白糖、胡椒粉、香油各适量

做法

1. 将豆腐切成长方形的块，入沸水中汆烫至熟，放入盘中。
2. 皮蛋切瓣，咸蛋黄、榨菜切碎，和松子仁、肉松一起拌入豆腐中。
3. 将红椒洗净切碎、葱洗净切花后和酱油、盐、白糖、胡椒粉、香油一起调匀，淋入盘中即可。

特色千叶豆腐

材料

山水豆腐2盒，白果50克，红椒碎5克，菜心丁、叉烧丁、香菇丁各10克，蒜蓉5克

调料

白糖5克，酱油5毫升，盐3克，食用油适量

做法

1. 将豆腐洗净切薄片，摆成圆形，入锅用淡盐水蒸热；白果洗净。
2. 锅中入油烧热，爆香蒜蓉，加入白果、叉烧丁、红椒碎、菜心丁、香菇丁，调入白糖、盐、酱油炒匀，倒入蒸好的豆腐中间即可。

酱汁豆腐

材料

石膏豆腐250克，生菜20克

调料

西红柿汁、陈醋各3毫升，白糖、淀粉各3克，食用油适量

做法

1. 豆腐洗净切条，均匀裹上淀粉；生菜洗净垫入盘底。
2. 热锅下油，入豆腐条炸至金黄色，捞出放在生菜上；再起一油锅烧热，放入西红柿汁炒香，加入少许水、陈醋、白糖，用淀粉勾芡，起锅淋在豆腐上即可。

芹菜炒香干

材料

香干250克，芹菜100克，红椒10克

调料

盐3克，味精1克，食用油适量

做法

1. 香干洗净切片；芹菜洗净切段；红椒洗净切碎。
2. 锅中入油烧热，下入香干、红椒爆炒，再加入芹菜段炒熟，加盐和味精炒匀即可。

竹笋炒肉丝

材料

竹笋300克，猪瘦肉200克，红椒、高汤各适量

调料

盐、香油、蚝油、食用油各适量

做法

1. 红椒去蒂洗净，切丝；竹笋洗净，切段；猪瘦肉洗净，切丝。
2. 锅中倒油烧热，爆香红椒，放入肉丝及笋丝拌炒，加高汤、蚝油、盐，以小火炒至入味，淋上香油盛盘即可。

培根炒包菜

材料

培根100克，包菜200克，蒜20克，红椒适量

调料

盐3克，味精1克，酱油5毫升，食用油适量

做法

1. 培根洗净，切薄片；包菜洗净，切小片；蒜去皮，洗净，切成小块；红椒洗净，切小块。
2. 锅中注油烧热，下蒜炒香，放入培根，调入酱油炒至八成熟，加入包菜和红椒同炒至熟。
3. 加入盐和味精调味，起锅装盘即可。

醉卤猪肚

材料

猪肚500克，葱15克，姜20克

调料

白糖适量，花椒适量，盐5克，料酒10毫升，八角10克

做法

1. 葱洗净切段；姜洗净切片；猪肚洗净，汆水，然后投入沸水锅中加适量葱、姜、八角煮熟待用。
2. 把料酒、盐、葱段、姜片、白糖、花椒、八角熬制成醉卤。
3. 将煮熟的猪肚浸入醉卤中，密封保存至入味，切片即可。

铁板猪肝

材料

猪肝250克，泡椒20克，朝天椒、姜末、蒜末各适量

调料

盐、淀粉、食用油各适量

做法

1. 猪肝洗净切片；泡椒、朝天椒均洗净切段；猪肝片用淀粉、盐腌渍。
2. 锅中加油烧热，下入泡椒、朝天椒、姜末、蒜末爆香，再加入猪肝炒至熟，再装入烧热的铁板中即可。

猪肝拌绿豆芽

材料

猪肝、绿豆芽各100克，虾米、姜末各适量

调料

白糖5克，酱油5毫升，盐3克，醋3毫升

做法

1. 猪肝洗净，切成薄片；绿豆芽择去根洗净备用；虾米用开水泡软。
2. 锅中加入水、盐烧开，将猪肝和绿豆芽汆熟后捞出，装入盘内。
3. 将汆好的猪肝片加入所有调料和姜末腌渍入味，加入绿豆芽，撒上虾米即可。

猪肝拌黄瓜

材料

猪肝300克，黄瓜200克

调料

盐3克，酱油5毫升，醋3毫升，味精2克，香油适量

做法

1. 黄瓜洗净，切小块。
2. 猪肝切片，放入开水中汆熟，捞出后冷却、沥干水。
3. 将黄瓜摆放在盘内，放入猪肝、盐、酱油、醋、味精、香油，拌匀即可。

卤猪肝

材料

猪肝400克，红椒圈、葱丝各适量

调料

料酒20毫升，酱油30毫升，姜丝5克，冰糖30克，盐3克，桂皮、八角、丁香各适量

做法

1. 将猪肝洗净，用盐擦匀腌渍5分钟，随即放入沸水锅中汆烫片刻，取出沥水。
2. 将锅置火上，倒入适量清水和所有调料制成卤水，待卤水制成，捞出残渣，放入猪肝，用小火煮30分钟。
3. 将卤好的猪肝取出，冷却后切片，加红椒圈和葱丝装盘即可。

菠菜炒猪肝

材料

猪肝300克，菠菜100克

调料

盐、白糖、淀粉、料酒、食用油各适量

做法

1. 将猪肝洗净切片，加料酒、淀粉腌渍；菠菜洗净切段。
2. 油锅烧热，放入猪肝，以大火炒至猪肝片变色，盛起；锅中油继续加热，放入菠菜略炒一下，加入猪肝、盐、白糖炒匀即可。

椒圈牛肉丝

材料

牛肉250克，芹菜100克，青椒、红椒、熟白芝麻各适量

调料

酱油8毫升，醋10毫升，味精1克，盐3克，香油适量

做法

1. 将牛肉洗净，入沸水中煮熟；芹菜洗净沥干，竖切丝；青椒、红椒分别洗净切圈，与芹菜同入沸水中焯至断生，捞出沥干。
2. 将煮熟的牛肉切成细丝，置于容器中，并放入青椒、红椒、芹菜和熟白芝麻，调入酱油、醋、味精、盐和香油，拌匀即可。

烩羊肉

材料

羊肉300克，胡萝卜100克，西红柿150克，洋葱100克，香菜适量

调料

酱油、味精、水淀粉、盐、食用油各适量

做法

1. 将羊肉、胡萝卜洗净，切成块，分别汆水；西红柿剥去外皮切块；洋葱剥皮洗净，切块。
2. 锅中入油烧热，加入西红柿块、酱油、水、羊肉块、胡萝卜炒匀，焖煮1个小时后再加入洋葱、盐、味精，翻炒至汤汁快干时用水淀粉勾芡，撒上香菜即可。

醉鸡

材料
鸡腿500克，葱段、姜片各20克

调料
盐3克，绍酒适量

做法
1. 鸡腿去骨，洗净，用刀背拍松；葱、姜放入鸡腿肉中，再以细麻绳绑紧。
2. 鸡腿肉放入内锅，加入适量清水，外锅加适量水，蒸熟，取出备用。
3. 蒸鸡放凉后加入盐、绍酒，放入冰箱冷藏，4个小时后捞出沥干，食用前剪去麻绳，取出葱段、姜片，切片，即可。

油鸭扣冬瓜

材料
冬瓜80克，油鸭腿2只，火腩肉200克，高汤200毫升，姜丝、葱白各5克，香菜适量

调料
水淀粉适量，盐1克

做法
1. 冬瓜、火腩肉洗净，切块；油鸭腿斩件。
2. 冬瓜油炸后过冰水，用油鸭夹住扣入碗内，火腩肉放上面；油锅爆香姜丝、葱白，加入高汤和盐煮滚，淋入碗内油鸭上再上锅蒸20分钟。
3. 滤出蒸汁，加水淀粉勾芡，再淋入碗内，放上香菜即可。

椒块炒鸡肝

材料

鸡肝100克，青椒、红椒各50克，姜片、葱末各5克

调料

盐、味精、料酒、食用油、淀粉各适量

做法

1. 鸡肝洗净，入沸水中汆水，取出切片；青椒、红椒洗净切块。
2. 起油锅，将鸡肝快速过一下油，捞出；锅内留油，将青椒、红椒炒香，下姜片、鸡肝，用大火翻炒，调入味精、盐、料酒，用淀粉勾薄芡，下葱末，炒匀装盘即可。

黄焖鸭肝

材料

鸭肝500克，鲜香菇50克，清汤300毫升，葱段、姜片各适量

调料

酱油10毫升，白糖、甜面酱、绍酒、食用油、熟猪油各适量

做法

1. 将鸭肝洗净汆水切块；鲜香菇洗净对切，焯水。
2. 油锅烧热，下白糖炒红，加清汤、酱油、葱、姜、鲜香菇煸炒，制成料汁装碗。
3. 另将适量猪油再入锅中，用中火烧至七成热，加甜面酱煸出香味，加鸭肝、绍酒、料汁煨炖5分钟，拣去葱、姜，装盘即可。

吉祥酱鸭

材料

鸭1只，姜末、葱末各10克

调料

白糖20克，黄酒20毫升，盐5克，花椒、桂皮各10克，酱油50毫升

做法

1. 先用酱油、花椒、桂皮、白糖制成酱汁。
2. 老鸭洗净后用少许盐、黄酒、姜、葱腌至入味，晾干放入酱汁内浸泡至上色，捞起，挂在通风处。
3. 加入少许白糖、姜、葱、黄酒上笼蒸熟，斩件，装盘即可。

玉米荸荠炖鸭

材料

老鸭1只，猪展肉、荸荠各100克，玉米150克，姜片、葱段、香菜各适量

调料

盐3克，鸡精2克

做法

1. 老鸭洗净切块；猪展肉洗净切块；玉米洗净切好；荸荠洗净去皮，切好。
2. 将老鸭、猪展肉、玉米烫熟，取出洗净。
3. 煲中加清水，加入所有材料煮开后改小火煲2.5个小时，然后加调料调味即可。

青豆烧兔肉

材料

兔肉200克，青豆150克，姜末、葱花各适量

调料

盐3克，鸡精3克，食用油适量

做法

1. 兔肉洗净，切成大块；青豆洗净。
2. 将切好的兔肉入沸水中氽去血水。
3. 锅上火，加油烧热，爆香姜末、葱花，下入兔肉、青豆炒熟后，加调料调味即可。

阳春白雪

材料

鸡蛋、火腿、红椒、葱花各适量

调料

盐5克，食用油适量

做法

1. 火腿切粒；红椒洗净切粒。
2. 鸡蛋取蛋清，用打蛋器打至起泡呈芙蓉状，待用。
3. 油锅烧热，下入芙蓉蛋稍炒盛出；原锅上火，下火腿粒、红椒粒、葱花，加盐炒熟，撒在蛋上即可。

拌河鱼干

材料
河鱼干200克，干红椒段20克，葱花10克，蒜蓉5克

调料
盐3克，味精2克，食用油适量

做法
1. 河鱼干洗净，下入烧沸的油锅中炸至酥脆后捞出，沥油装入盘中。
2. 锅上火，加油烧热，下入干红椒段、蒜蓉、葱花炒香，取出待用。
3. 将河鱼干装入碗内，再加入炒好的干红椒和盐、味精一起拌匀即可。

土豆烧鱼

材料
土豆、鲈鱼各200克，红椒1个，姜、葱各适量

调料
盐、味精、胡椒粉、酱油、食用油各适量

做法
1. 将土豆去皮，洗净切块；鲈鱼洗净，切大块，用酱油稍腌；葱切丝；红椒切圈；姜切块。
2. 将土豆、鱼块入烧热的油中炸熟，炸至土豆紧皮时捞出待用。
3. 锅置火上加油烧热，爆香葱、姜、红椒，下入鱼块、土豆和调料，烧入味即可。

草菇炒虾仁

材料

虾仁　300克
草菇　150克
胡萝卜　100克

调料

盐　3克
胡椒粉　适量
淀粉　适量
料酒　适量
食用油　适量

做法

1. 虾仁洗净后沥干，拌入少许盐和料酒腌10分钟。
2. 草菇洗净，汆烫；胡萝卜去皮切片。
3. 将油烧至七成热，放入虾仁过油，待弯曲变红时捞出，余油倒出；另入油炒胡萝卜片和草菇，然后将虾仁回锅，加入其余调料炒匀，盛出即可。

钵钵香辣蟹

材料

螃蟹450克，干红椒50克，香菜10克

调料

盐3克，淀粉、花椒、辣酱、食用油各适量

做法

1. 螃蟹洗净，斩块，表面拍上淀粉备用；干红椒洗净，切段；香菜洗净。
2. 油锅烧热，放入螃蟹用小火炸1分钟，捞出控油；另起油锅，放入花椒、干红椒爆香，放入螃蟹，加适量水焖熟。
3. 加入盐、辣酱调味，起锅装盘，撒上香菜即可。

双色蛤蜊

材料

白萝卜球30克，胡萝卜球30克，蛤蜊25克，芹菜末10克，肉苁蓉3克，当归2克

调料

淀粉适量

做法

1. 胡萝卜、白萝卜入沸水中煮熟；淀粉加20毫升水拌匀；蛤蜊洗净，放入蒸笼，中火蒸10分钟，取出蛤蜊肉、汤汁；肉苁蓉、当归加200毫升水，放入锅中煮成中药汁。
2. 将胡萝卜、白萝卜、蛤蜊肉汁、适量水放入锅中，焖煮3分钟；加入淀粉勾芡，放入蛤蜊肉及芹菜末、中药汁拌匀即可。

白果玉竹猪肝汤

材料

白果100克，玉竹10克，猪肝200克

调料

味精、盐、香油、高汤、青椒丁、红椒丁各适量

做法

1. 将猪肝洗净切片；白果、玉竹洗净备用。
2. 净锅上火倒入高汤，下入猪肝、白果、玉竹，加入盐、味精煮沸。
3. 淋入香油，撒上青椒丁、红椒丁即可。

蟹腿肉沙拉

材料

蟹腿肉、鸡蛋、黄瓜、樱桃、胡萝卜丁各适量

调料

盐、沙拉酱各适量

做法

1. 蟹腿肉洗净；黄瓜洗净，一部分切丁，一部分切片摆盘；樱桃洗净对切，摆盘。
2. 锅内注水煮沸，加入盐，放入蟹腿肉汆熟，捞起沥水；鸡蛋煮熟，剥壳后取蛋白切碎。
3. 蟹腿肉、黄瓜丁、胡萝卜丁、蛋白丁一同装盘，加入沙拉酱拌匀即可。

盐水浸蛤蜊

材料

蛤蜊500克，粉丝20克，青椒、红椒各1个，姜10克，冲菜20克

调料

盐4克，胡椒粒1克，食用油适量

做法

1. 粉丝泡发；冲菜洗净切丝；姜去皮洗净切片；青椒、红椒洗净去蒂、籽，切丝。
2. 锅中放入清水，加入蛤蜊煮熟，捞出沥干。
3. 油烧热，爆香姜片、冲菜丝，放入清水，放入蛤蜊、粉丝，调入盐、胡椒粒，煮至粉丝软熟、蛤蜊入味，撒上青椒丝、红椒丝即可。

盐水菜心

材料

菜心200克，红椒1个，姜1小块，高汤适量

调料

盐3克，味精1克，食用油适量

做法

1. 姜、红椒洗净，切丝；菜心洗净。
2. 锅上火，加水烧开，下入菜心稍焯后捞出装盘。
3. 原锅加油烧热，爆香姜丝、红椒丝，下入高汤、盐、味精烧开，倒入装有菜心的盘中即可。

炝汁大白菜

材料

大白菜400克，干红椒段、姜末各适量

调料

盐4克，味精1克，酱油8毫升，香油、食用油各适量

做法

1. 大白菜洗净，放入开水中稍烫，捞出，沥干水分，切成条，放入容器。
2. 油锅烧热，放入姜末煸出香味，加入干红椒段，加盐、味精、酱油、香油炒匀。
3. 将炒好的汁浇在大白菜上，搅拌均匀，装盘即可。

虾仁小白菜

材料

虾仁200克，小白菜80克，姜、牛奶各适量

调料

盐、食用油各适量

做法

1. 姜洗净，切丝；小白菜洗净；虾仁挑去背部虾线，洗净。
2. 油锅烧热，放入虾仁稍炒，加入适量清水煮开，加入小白菜，倒入牛奶，再放入姜丝同煮，调入盐拌匀。
3. 起锅装盘即可。

灌汤娃娃菜

材料

娃娃菜300克，水发香菇、火腿各50克，姜15克，红椒20克，蒜10克

调料

盐3克，食用油适量

做法

1. 将娃娃菜洗净；水发香菇、火腿、姜、红椒均洗净，切丝；蒜去皮，洗净，入油锅炸好。
2. 锅中倒入适量清水，放入娃娃菜、香菇、火腿、蒜、红椒，稍煮片刻。
3. 待熟透，调入盐，撒上姜丝即可。

火山降雪

材料

西红柿250克

调料

白糖20克

做法

1. 西红柿洗净切片。
2. 摆入盘中，堆成山形。
3. 均匀撒上白糖即可。

清爽白萝卜

材料

白萝卜400克，泡青椒2个，泡红椒50克，香菜适量

调料

盐3克，味精1克，白醋、香油各适量

做法

1. 白萝卜去皮，洗净，切片。
2. 将泡青椒、泡红椒、白醋、香油、盐、味精加适量水调匀成味汁。
3. 将白萝卜置味汁中浸泡1天，与香菜一起摆盘即可。

菊花胡萝卜丝

材料

鲜菊花适量，胡萝卜200克，白萝卜200克，香菜适量

调料

盐3克，醋5毫升，白糖10克

做法

1. 将鲜菊花洗干净备用；白萝卜、胡萝卜去须、根，洗净切成丝。
2. 将两种萝卜丝分别装入碗中，拌入盐腌渍5分钟，挤干水分。
3. 调入白糖、醋拌匀摆盘，撒上菊花和香菜即可。

凉拌白萝卜

材料

白萝卜200克，花生仁50克，黄豆30克

调料

盐3克，香油、食用油各适量

做法

1. 白萝卜去皮洗净，切丁，用盐腌渍备用；花生仁、黄豆洗净备用。
2. 锅放油烧热，分别将花生仁、黄豆炒熟，捞出控油，盛入装萝卜丁的碗中，加香油拌匀即可。

芹菜虾仁

材料

芹菜100克，虾仁150克，西红柿100克

调料

盐2克，料酒、香油各适量

做法

1. 芹菜洗净，切成长短一致的段；西红柿洗净，切片摆盘。
2. 虾仁洗净，加盐、料酒腌渍。
3. 锅置火上，注入清水烧开，放入芹菜、虾仁烫熟后捞出摆盘，淋上香油即可。

老醋四样

材料

熟花生仁100克，海蜇头、黄瓜、猪肉各50克，香菜、熟白芝麻各30克，红椒20克

调料

盐3克，醋适量

做法

1. 海蜇头洗净，切块；黄瓜洗净，切条；猪肉洗净，切片；红椒洗净，去籽，切圈；香菜洗净，切段。
2. 锅中加水烧沸，分别放入花生仁、海蜇头、黄瓜、猪肉汆烫至熟，盛起放入盘中。
3. 再放入盐、醋，撒上红椒、香菜、熟白芝麻，拌匀即可。

芹菜炒百合

材料

芹菜500克，鲜百合3个，红椒片适量

调料

盐3克，食用油适量，鸡精2克

做法

1. 芹菜切去根，洗净去皮切菱形片；鲜百合去根切开洗净。
2. 净锅上火，加入约600毫升清水，调入少许盐、鸡精，待水沸后，放入芹菜、红椒片、百合焯透，捞出沥干水分。
3. 锅上火，注入适量油，烧至四成热，倒入焯过的芹菜、红椒片、百合，炒熟，放入少许鸡精、盐，炒匀盛入盘中即可。

苦瓜拌芹菜

材料

苦瓜150克，芹菜250克，红椒1个

调料

盐3克，鸡精2克，香油适量

做法

1. 将苦瓜去籽洗净，切片；芹菜洗净去叶，切菱形片；红椒切片备用。
2. 苦瓜、芹菜分别于锅中焯水至熟，捞出沥干水分。
3. 将苦瓜、芹菜、红椒同装盘中，加入盐、鸡精搅拌均匀，最后淋入香油即可。

芝麻拌芹菜

材料

芹菜300克，红椒2个，熟白芝麻、薄荷叶、蒜末各适量

调料

盐、味精、花椒油各适量

做法

1. 红椒去蒂去籽，切圈，装盘垫底用；芹菜择洗干净，切片。
2. 芹菜入沸水中焯一下，冷却后装盘。
3. 加入蒜末、花椒油、味精、盐和熟白芝麻，拌匀后放上薄荷叶装饰即可。

雀巢百合

材料

红腰豆30克，百合、芹菜各250克

调料

盐3克，鸡精2克，淀粉适量，姜汁5毫升，葱油3毫升

做法

1. 将芹菜用清水洗干净后，分切成小段；百合洗干净备用。
2. 将芹菜、百合、红腰豆下入沸水中焯烫至熟后，捞起沥干，然后将葱油、姜汁放入锅中烧热，再放入芹菜、百合、红腰豆翻炒至熟。
3. 加入盐、鸡精炒匀，用淀粉勾芡后，盛出装在容器内即可。

芹菜炒胡萝卜

材料

芹菜300克，胡萝卜适量

调料

香油10毫升，盐3克，鸡精1克，食用油适量

做法

1. 将芹菜洗净，切菱形块，入沸水锅中焯水；胡萝卜洗净，切成粒。
2. 锅中注油烧热，放入芹菜爆炒，再加入胡萝卜粒一起炒至熟。
3. 拌入香油、盐和鸡精调味即可。

鸡蓉酿苦瓜

材料

鸡脯肉　200克
苦瓜　250克
葱　2根
姜　1块
红椒片　适量

调料

盐　适量

做法

1. 苦瓜洗净切成段，掏空；鸡脯肉洗净剁成蓉；葱、姜洗净切末后加入鸡蓉中，调入少许盐拌匀。
2. 锅中加适量水煮沸后放少许盐，下入掏空的苦瓜过水焯烫后捞起，将调好味的鸡蓉灌入苦瓜圈中，再装入盘中。
3. 将盘放入锅中蒸20分钟至熟，再摆好红椒片作装饰即可。

胡萝卜酿苦瓜

材料

猪肉200克，苦瓜250克，胡萝卜50克

调料

盐、料酒、胡椒粉、淀粉、食用油各适量

做法

1. 猪肉洗净，剁末；苦瓜洗净，切段，掏空瓤；胡萝卜洗净，切末。
2. 肉末加盐、料酒、胡椒粉、淀粉拌匀。
3. 将肉末灌入苦瓜段中，再在表面撒上胡萝卜末。
4. 盘底刷一层油，放上备好的材料，入锅蒸熟即可。

苦瓜酿三丝

材料

猪肉50克，笋100克，香菇10克，苦瓜2根，葱、姜丝各适量

调料

盐、味精、白糖、淀粉、食用油各适量

做法

1. 将猪肉、笋、香菇洗净切成丝，放入锅中爆香后，加入适量水、盐、白糖烧至酥烂备用。
2. 苦瓜洗净切筒，中部挖空，汆水；葱洗净切段，取部分葱段与三丝混合塞入苦瓜中；将材料并排放盘中，放进微波炉中用高火蒸3分钟后取出备用。
3. 锅烧热，放入油及适量的水、盐、味精，调入淀粉勾芡，淋在苦瓜上，再撒上姜丝、葱段即可。

凉拌春笋

材料

春笋500克，榨菜30克，火腿片10克，素汤适量

调料

盐5克，味精1克，水淀粉30毫升，花椒1克，香油10毫升，食用油适量

做法

1. 春笋洗净后，切成滚刀斜片。
2. 将春笋、火腿片入沸水锅中焯水至熟，捞起沥干水分，与榨菜同装盘中。
3. 锅中入油烧热，下入花椒、盐、味精、香油、水淀粉、素汤，炒香后起锅倒在装有材料的盘中拌匀即可。

山野笋尖

材料

鲜笋尖100克，姜5克，红椒10克，胡萝卜5克，蒜4克，香菜适量

调料

辣椒油2毫升，味精1克，盐3克，香油2毫升

做法

1. 笋尖去头尾洗净，切小段，下入沸水中，加少许盐，煮至断生后捞出，晾凉。
2. 红椒洗净切丝，下入沸水中煮至断生，捞出晾凉。
3. 将红椒丝穿入笋内，摆盘；胡萝卜洗净，刻成花，与香菜一同放入盘中装饰。
4. 姜、蒜均洗净切碎，调入盐、味精、辣椒油、香油，制成味碟，食用时蘸用即可。

话梅山药

材料
山药300克，话梅4颗

调料
冰糖适量

做法

1. 山药去皮，洗净，切长条，入沸水锅焯水后放冰水里冷却，装盘。
2. 将锅置火上，加入少量水，放入话梅和冰糖，熬至冰糖融化，盛出晾凉，再倒在山药上。
3. 将山药放冰箱冷藏1个小时，待汤汁渗入后取出即可。

冬瓜百花展

材料
西蓝花150克，鸡脯肉200克，鹌鹑蛋200克，冬瓜200克，香菜梗、红椒片、胡萝卜花、鲜汤各适量

调料
淀粉、盐、胡椒粉、香油、食用油各适量

做法

1. 将冬瓜去皮洗净切菱形块，再把中间挖成菱形；鸡脯肉洗净剁成末；西蓝花洗净切块，焯水；鹌鹑蛋煮熟去壳备用。
2. 鸡肉末加淀粉、盐拌匀，填入挖空的菱形冬瓜中，装盘上锅蒸熟。
3. 锅烧热放油，加鲜汤，烧开后加胡椒粉，淋入香油；再将汤浇在蒸好的冬瓜上；最后用红椒片、香菜梗、西蓝花、胡萝卜花、鹌鹑蛋摆盘装饰即可。

荷花绘素

材料

西红柿3个，洋葱1个，竹笙10条，玉米笋10条，韭菜花10根，松子仁10克

调料

味精1克，盐、白糖、鸡精各2克，淀粉5克

做法

1. 将西红柿和洋葱洗净，切好；韭菜花、玉米笋洗净各切成10厘米的长段；竹笙用温水泡开备用。
2. 将西红柿、洋葱焯熟后摆入碟内呈荷花状，再将玉米笋、韭菜花、竹笙焯熟后摆放在碟中间，松子仁炸香摆在竹笙上。
3. 锅上火倒入清水煮沸，加入所有调料，勾成芡汁淋入碟中即可。

清淡小炒皇

材料

荷兰豆100克，上海青100克，白果60克，黑木耳、银耳、干红椒段、海蜇头各适量

调料

盐3克，味精1克，水淀粉、食用油各适量

做法

1. 荷兰豆、上海青、白果、海蜇头洗净，汆水；黑木耳、银耳均泡发，捞出沥干。
2. 锅中入油烧热，下海蜇头、荷兰豆、黑木耳、银耳、白果、干红椒和上海青，炒至熟。
3. 将盐和味精倒入水淀粉中，搅匀，倒在锅中，炒匀即可。

山药鳝鱼汤

材料
鳝鱼2尾，山药25克，枸杞子5克，葱花、姜片各2克

调料
盐5克

做法
1. 将鳝鱼洗净切段，汆水；山药去皮洗净，切片；枸杞子洗净备用。
2. 净锅上火，调入盐、葱花、姜片，下入鳝鱼、山药、枸杞子煲至熟即可。

翡翠白菜汤

材料
白菜叶150克，黄豆芽50克，猪瘦肉30克，葱末、姜末各2克，枸杞子适量

调料
盐、食用油各适量，香油3毫升

做法
1. 将白菜叶洗净，撕块；黄豆芽择洗净；猪瘦肉洗净，切片；枸杞子洗净备用。
2. 净锅上火，倒入油，将葱、姜爆香，下入猪肉煸炒；再下入白菜、黄豆芽、枸杞子翻炒；倒入水，调入盐煲至熟，淋入香油即可。

白萝卜粉丝汤

材料

豆苗20克，白萝卜100克，香菇30克，水发粉丝20克，枸杞子少许，高汤适量

调料

盐适量

做法

1. 将白萝卜、香菇洗净均切成丝；水发粉丝洗净切段；豆苗、枸杞子洗净备用。
2. 净锅上火，倒入高汤，调入盐，下入白萝卜、香菇、水发粉丝、豆苗、枸杞子煲至熟即可。

胡萝卜荸荠汤

材料

胡萝卜100克，佛手瓜75克，去皮荸荠35克，姜末2克

调料

盐5克，香油2毫升，胡椒粉3克，食用油适量

做法

1. 将胡萝卜、佛手瓜、荸荠洗净切丝备用。
2. 净锅上火注油烧热，将姜末爆香，下入胡萝卜、佛手瓜、荸荠煸炒，调入盐、胡椒粉，加水烧开，淋入香油即可。

荸荠煲脊骨

材料

荸荠100克，猪脊骨300克，胡萝卜80克，姜10克，葱花5克，高汤适量

调料

盐4克，胡椒粉2克，味精1克，料酒5毫升

做法

1. 胡萝卜洗净切滚刀块；姜洗净去皮切片；猪脊骨斩件；荸荠洗净去皮。
2. 水烧开，放入猪脊骨汆去血水，捞出沥水备用。
3. 将高汤倒入煲中，加入以上所有材料煲1个小时，调入所有调料，撒上葱花即可。

鸡肝美容汤

材料

鸡肝150克，百合100克，笋片50克，枸杞子5克，葱花5克，高汤适量

调料

盐适量，味精1克

做法

1. 鸡肝汆水，切片备用；百合、笋片、枸杞子洗净。
2. 炒锅上火倒入高汤，下入鸡肝、百合、笋片、枸杞子烧沸，调入盐、味精，煲至入味，撒上葱花即可。

冬瓜煲老鸭

材料

冬瓜200克，老鸭1只，红枣、薏米各适量，姜10克

调料

盐3克，鸡精2克，胡椒粉2克，食用油适量

做法

1. 将冬瓜洗净，切块；鸭洗净，剁块；姜去皮，切片；红枣、薏米洗净泡发。
2. 锅中入油烧热，爆香姜片，加适量水烧沸，下鸭块汆烫后捞出。
3. 将鸭转入砂锅内，放入姜片、红枣、薏米，烧开后用小火煲60分钟，放入冬瓜煲至冬瓜熟软，加入盐、鸡精、胡椒粉调味即可。

银耳鹌鹑汤

材料

鹌鹑250克，水发银耳45克，红枣4颗，葱花、枸杞子各适量

调料

盐5克，白糖3克

做法

1. 将鹌鹑洗净斩块，汆水；水发银耳洗净，撕成小朵；红枣、枸杞子洗净备用。
2. 净锅上火倒入水，下入鹌鹑、水发银耳、红枣、枸杞子煲至熟，调入盐、白糖，撒上葱花即可。

鸽子汤

材料

鸽子500克，西洋参20克，枸杞子10克，葱适量

调料

料酒、盐各适量

做法

1. 鸽子去毛去内脏，洗净；葱洗净切段；西洋参洗净去皮，切片备用。
2. 砂锅中放鸽子和水加热至沸腾，放入葱、料酒转小火炖1.5个小时。
3. 放入西洋参、枸杞子再炖20分钟，加入盐调味即可。

核桃仁乳鸽汤

材料

党参20克，核桃仁80克，灵芝10克，乳鸽1只，蜜枣6颗

调料

盐适量

做法

1. 将核桃仁、党参、灵芝、蜜枣分别洗净。
2. 将乳鸽去毛和内脏洗净，斩件。
3. 锅中加入适量水，大火烧开，放入准备好的材料，改用小火继续煲3个小时，加盐调味即可。

豆腐鱼尾汤

材料

鲩鱼尾300克，榨菜50克，豆腐2块，香菜适量

调料

盐5克，香油5毫升，食用油适量

做法

1. 榨菜洗净切薄片；豆腐用清水浸泡后沥干，撒入少许盐稍腌后，切成长方块备用。
2. 鲩鱼尾洗净，用炒锅烧热油，下鱼尾煎至两面微黄。
3. 另起锅，注入水煮滚，放入鱼尾、豆腐、榨菜，再次煮沸10分钟，加盐、香油调味，撒入香菜即可。

莲子猪心汤

材料

猪心1个，莲子200克，茯神25克，葱段适量

调料

盐5克

做法

1. 猪心入开水中汆烫去血水，捞出，再放入清水中清洗干净。
2. 莲子、茯神洗净后入锅，加600毫升水熬汤，以大火煮开后转小火煮30分钟；猪心切片，放入锅中，煮至熟，加葱段、盐调味即可。

PART 4

排毒护肤篇

皮肤是反映人体健康状况的一盏信号灯。毒素在人体内的沉积是导致皮肤不好的根本原因之一，只有把体内的毒素排出体外，才能使皮肤恢复健康。排毒护肤就是以清除毒素的方式，来达到保养皮肤的目的。本篇以天然食材为基础，指导读者烹饪出排毒、养颜功效俱佳的美味菜肴，让读者告别暗黄色斑，再现白嫩肌肤。

白灼广东菜心

材料

广东菜心300克，红椒25克，葱白40克，高汤适量

调料

酱油15毫升，蚝油20毫升，盐4克，鸡精1克，水淀粉、食用油各适量

做法

1. 将广东菜心洗净，入沸水锅中焯水，捞出沥干水分，整齐码在盘中；红椒洗净，切丝；葱白洗净，切丝。
2. 炒锅注油烧热，放入适量酱油、蚝油、盐和鸡精，加入红椒丝、葱白丝和高汤煮至略微沸腾，用水淀粉勾芡，起锅倒在广东菜心上即可。

凉拌萝卜皮

材料

心里美萝卜300克，香菜适量

调料

盐3克，味精1克，醋5毫升

做法

1. 心里美萝卜洗净，切片。
2. 锅内注水烧沸，放入萝卜片焯熟，捞起晾干并放入盘中。
3. 加入盐、味精、醋拌匀，撒上香菜即可。

酸辣黄瓜

材料

黄瓜300克，青椒20克，生菜50克，红椒20克，葱白丝适量，蒜10克

调料

盐3克，香油、醋各适量

做法

1. 将黄瓜洗净，切片；生菜洗净备用；青椒去蒂洗净，切丝；红椒去蒂洗净，一半切丝，一半切丁；蒜去皮洗净，切碎。
2. 锅内入水烧开，将生菜焯水后铺在盘中。
3. 将黄瓜与蒜末、红椒丁、盐、香油、醋拌匀，放在生菜叶上，用青椒丝、红椒丝、葱白丝点缀即可。

苦瓜酿白玉

材料

苦瓜300克，虾仁100克，鱼子10克

调料

盐2克，香油适量

做法

1. 苦瓜不要剖开，洗净切段，去瓤掏空，浸泡在盐水中；虾仁洗净，剁碎后用盐腌渍备用。
2. 把虾仁填充在苦瓜中，鱼子铺在虾仁上，装盘。
3. 把盘放入蒸屉，蒸10分钟后取出，淋入香油即可。

彩椒茄子

材料

茄子	200克
红甜椒	1个
黄甜椒	1个
胡萝卜	80克
黄瓜	80克
葱末	适量
蒜末	适量
姜末	适量

调料

盐	3克
水淀粉	适量
酱油	适量
白糖	适量
食用油	适量

做法

1. 茄子、红甜椒、胡萝卜、黄瓜分别洗净，切小丁；黄甜椒洗净，从上部1/3处横切去头、去籽成碗备用。
2. 锅中加油烧热，入茄丁煎至金黄色，捞出。
3. 锅留底油烧热，放入葱末、姜末、蒜末炝锅，放胡萝卜丁、红甜椒丁、黄瓜丁炒匀，最后放入茄丁，加酱油、白糖、盐调味，炒熟后用水淀粉勾芡，盛入黄甜椒碗中即可。

酸辣青木瓜丝

材料

青木瓜100克，胡萝卜20克，青椒1个，小黄瓜片、圣女果片、蒜各适量

调料

白醋10毫升，辣椒粉5克，陈醋10毫升，香油8毫升，味精、盐各适量

做法

1. 将青木瓜、胡萝卜、青椒洗净后，都切成丝状；将蒜去皮后，剁成末。
2. 将锅中的清水烧沸，把青木瓜丝、胡萝卜丝焯烫一下捞出，沥干水分后装入盘中，再撒上青椒丝。
3. 盘中调入辣椒粉、盐、味精、蒜末、香油、白醋、陈醋，拌匀，盘边摆上小黄瓜片和圣女果片装饰即可。

香柠藕片

材料

莲藕250克，柠檬2个，葱、红椒粒各5克，生菜适量

调料

白糖5克，蜂蜜适量

做法

1. 莲藕洗净切片，入沸水中焯水后，捞出沥干备用；先将柠檬切两片备用，余下柠檬洗净，榨成柠檬汁；葱洗净，切花；生菜洗净。
2. 将柠檬汁、白糖、蜂蜜加适量凉开水搅拌均匀，放入莲藕浸泡至入味后取出，装入铺有生菜的盘中。
3. 撒上葱花、红椒粒，饰以柠檬片即可。

荷兰豆炒茄子

材料

茄子200克，荷兰豆100克，葱花、熟白芝麻、干鱿鱼丝各适量

调料

酱油8毫升，味精1克，盐3克，水淀粉、食用油各适量

做法

1. 将茄子洗净，切成条，入清水中浸泡片刻，捞出沥干；荷兰豆择去老筋，洗净沥干备用。
2. 锅中注油烧热，下茄子炸至金黄色，捞出；锅中留油，下荷兰豆炒至断生，将茄子倒回锅中，加酱油、盐炒至熟透，加入味精调味，用水淀粉勾薄芡，起锅装盘，撒上葱花、干鱿鱼丝和熟白芝麻即可。

红枣丸子

材料

红枣200克，糯米粉100克，香菜适量

调料

白糖30克，蜂蜜适量

做法

1. 将红枣泡好，切开去核。
2. 糯米粉加适量水搓成团，放入红枣中，装盘备用。
3. 用白糖泡水，淋在红枣上，放入蒸笼大火蒸5分钟。
4. 取出晾凉，加蜂蜜拌匀，饰以香菜即可。

红腰豆炒百合

材料

红腰豆100克，百合80克，枸杞子10克，香菜叶适量

调料

盐3克，香油适量

做法

1. 红腰豆、枸杞子、香菜叶、百合分别洗净备用。
2. 锅入水烧开，分别将红腰豆、百合、枸杞子焯水，捞出沥干装盘。
3. 加盐、香油拌匀，用香菜叶点缀即可。

番茄酱炒芦笋

材料

芦笋300克，鲜汤适量

调料

盐2克，白糖、味精各2克，淀粉5克，番茄酱、香油、食用油各适量

做法

1. 芦笋洗净，沥去水分，每条芦笋切成3段，再切斜刀段。
2. 炒锅中下入食用油，烧至六成热放入番茄酱煸炒，加鲜汤、芦笋、白糖、盐、味精炒匀。
3. 烧沸后用淀粉勾芡，淋入香油，起锅装盘即可。

洋葱炒芦笋

材料
洋葱150克，芦笋200克

调料
盐3克，味精、食用油各适量

做法
1. 芦笋洗净，切成斜段；洋葱洗净切成片。
2. 锅中加入适量清水烧开，下入芦笋段稍焯后捞出沥水。
3. 锅中加油烧热，下入洋葱爆香后，再下入芦笋稍炒，下入盐和味精炒匀即可。

笋合炒瓜果

材料
无花果、百合各50克，芦笋、冬瓜各200克，红椒片20克

调料
香油、盐、味精、食用油各适量

做法
1. 芦笋洗净切斜段，下入开水锅内焯熟，捞出控水备用。
2. 百合洗净掰片；冬瓜去皮洗净切片；无花果洗净。
3. 油锅烧热，放芦笋、冬瓜煸炒，下入百合、无花果、红椒片炒片刻，下盐、味精，淋入香油装盘即可。

清炒芦笋

材料
芦笋350克，枸杞子适量

调料
盐3克，鸡精2克，醋5毫升，食用油适量

做法
1. 将芦笋和枸杞子洗净，沥干水分。
2. 炒锅加入适量油烧至七成热，放入芦笋和枸杞子翻炒，放入适量醋炒匀。
3. 最后调入盐和鸡精，炒入味后即可装盘。

豆芽拌荷兰豆

材料
黄豆芽、荷兰豆各80克，菊花瓣、红椒各10克

调料
盐3克，味精1克，酱油、香油各10毫升

做法
1. 黄豆芽掐去头尾，洗净，放入沸水中焯一下，沥干水分，装盘；荷兰豆洗净，放入开水中烫熟，切成丝，装盘。
2. 菊花瓣洗净，放入开水中焯一下；红椒洗净，切丝。
3. 将盐、味精、酱油、香油调匀，淋在黄豆芽、荷兰豆上拌匀，撒上菊花瓣、红椒丝即可。

素拌绿豆芽

材料

绿豆芽250克，青椒、红椒各20克

调料

盐3克，鸡精1克，食用油适量

做法

1. 绿豆芽洗净，入沸水锅中焯水至熟，捞起沥干，装盘待用。
2. 青椒和红椒均洗净，切丝。
3. 锅加油烧热，放入青椒丝和红椒丝爆香，倒在绿豆芽中，加盐和鸡精拌匀即可。

红椒绿豆芽

材料

绿豆芽200克，红椒15克，蒜、葱各15克

调料

盐3克，食用油适量

做法

1. 把绿豆芽洗净，切去根部；红椒洗净，去籽切丝；葱洗净切花。
2. 蒜去皮，洗净后剁成蒜蓉。
3. 炒锅入油，先放入蒜蓉爆香，再倒入绿豆芽、红椒丝翻炒；加入盐炒匀，装盘后撒上葱花即可。

胡萝卜炒豆芽

材料

胡萝卜、绿豆芽各100克

调料

盐3克，鸡精2克，醋、香油、食用油各适量

做法

1. 胡萝卜去皮洗净切丝；绿豆芽洗净备用。
2. 锅下油烧热，放入胡萝卜、绿豆芽炒至八成熟，加盐、鸡精、醋、香油炒匀，起锅装盘即可。

什锦沙拉

材料

包菜、紫甘蓝各30克，小黄瓜1根，圣女果、苜蓿芽、玉米罐头各适量

调料

沙拉酱15克

做法

1. 将包菜、紫甘蓝分别剥下叶片，洗净，切成丝；小黄瓜洗净，切成薄片；圣女果洗净，对半切开；苜蓿芽洗净，沥干水分后备用。
2. 将玉米罐头打开，把玉米粒放入盘中；加入包菜、紫甘蓝、小黄瓜、苜蓿芽、圣女果，淋入沙拉酱盛出即可。

珍珠米丸

材料

猪瘦肉　200克
糯米　100克
鱼肉　150克
猪肥肉　90克
荸荠　90克
苦瓜　1根
葱花　适量
姜末　适量

调料

料酒　适量
盐　适量
淀粉　适量

做法

1. 猪瘦肉洗净剁蓉；猪肥肉洗净切丁；荸荠去皮洗净后切丁；糯米洗净后浸泡2个小时，沥干备用；鱼肉洗净剁成蓉；苦瓜洗净切成小段，去瓤煮熟备用。
2. 将猪瘦肉蓉和鱼肉蓉放入钵内，加入盐、料酒、淀粉、葱花、姜末和清水拌匀，搅拌至发黏上劲，然后加入肥肉丁和荸荠丁拌匀待用。
3. 将肉蓉挤成肉丸，将肉丸放在糯米上滚动使其粘匀糯米，再逐个摆在蒸笼内，蒸15分钟取出，放在苦瓜段上装饰摆盘即可。

1

2　3

苦瓜拌牛肉

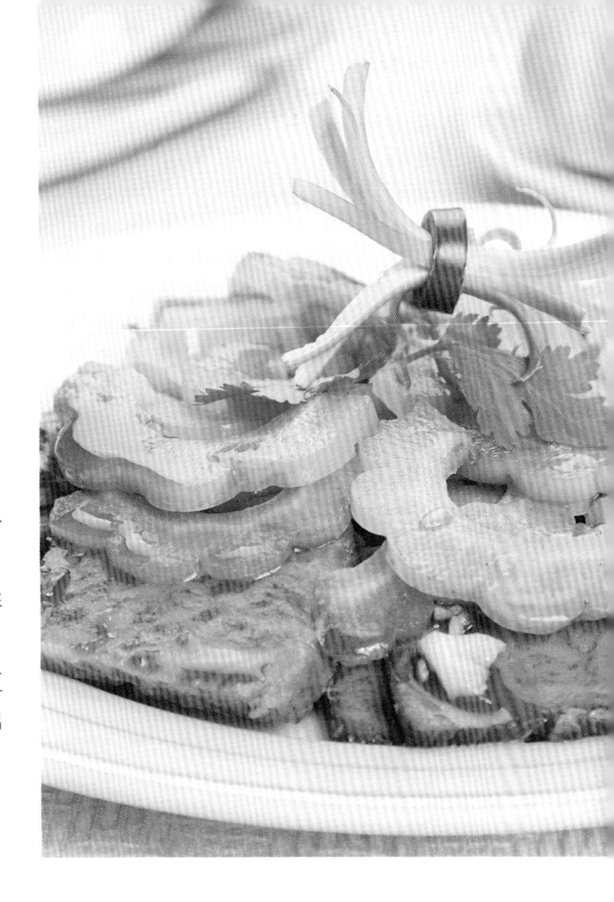

材料

苦瓜300克，熟牛腱肉150克，葱丝，红椒圈、香菜各适量

调料

盐、白糖、香油、红油、花椒油、味精各适量

做法

1. 熟牛腱肉洗净切片，摆盘中；苦瓜剖开，挖去瓤洗净，切成薄片，下入沸水中焯一会儿，捞出沥干水。
2. 将苦瓜片装碗，再加入白糖、盐、香油拌均匀。
3. 将苦瓜摆在熟牛腱肉片上，将花椒油和红油、味精拌匀的汁浇在苦瓜上，将葱丝串进红椒圈，同香菜一起放在盘中即可。

鲜果沙拉

材料

哈密瓜1个，橘子1个，猕猴桃1个，苹果1个，樱桃5个，葡萄5颗

调料

甜酒400毫升，沙拉酱适量

做法

1. 樱桃、葡萄洗净；苹果、猕猴桃、橘子去皮，去籽，切块状备用。
2. 哈密瓜洗净，自蒂头下1/3处横切开，用挖球器或小汤匙挖出果肉，哈密瓜盅内加入所有水果，淋上甜酒，食用时蘸沙拉酱即可。

凉瓜炒牛肚

材料

牛肚300克，苦瓜、红椒、葱、蒜各适量

调料

盐4克，味精1克，胡椒粉3克，花雕酒5毫升，食用油适量

做法

1. 苦瓜洗净去瓤切块；红椒去蒂籽，切菱形块；蒜去皮洗净切碎；葱洗净切花。
2. 锅中加水烧开，放入苦瓜块焯烫，捞出沥水备用。
3. 蒜末、红椒、葱花入油锅中爆香，放入牛肚、苦瓜，烹入花雕酒翻炒，调入盐、味精、胡椒粉炒入味即可。

黑椒牛柳

材料

牛柳200克，洋葱丝100克，姜片3克，红椒粒、蒜蓉各适量

调料

黑胡椒、淀粉、料酒、盐、酱油、食用油各适量

做法

1. 将牛柳洗净切片，加少许淀粉、酱油、料酒拌匀。
2. 油锅烧热，投入红椒粒、蒜蓉、黑胡椒稍炒，再加入少许料酒、盐和清水煮成味汁备用。
3. 锅中加油烧热，下姜片、牛柳、洋葱丝炒熟，淋上味汁即可。

彩椒牛肉丝

材料

牛肉、彩椒各200克，蛋清40克，姜、鲜汤各适量

调料

食用油、酱油、甜面酱、盐、鸡精、淀粉、水淀粉各适量

做法

1. 将牛肉洗净切丝，加入盐、蛋清、淀粉搅拌均匀；彩椒和姜均洗净切成细丝。
2. 锅内放少许油，将彩椒丝倒入炒至半熟，盛出备用；牛肉丝滑炒至八成熟，备用。
3. 锅内放少许油加入甜面酱、牛肉丝、彩椒丝、姜丝炒出香味，加入酱油、鸡精、盐和少许鲜汤，用水淀粉勾芡，翻炒均匀即成。

手抓羊肉

材料

羊肉500克，胡萝卜200克，红椒丝10克，香菜段适量

调料

盐5克，胡椒粉2克

做法

1. 羊肉洗净切块；胡萝卜洗净切片。
2. 羊肉和胡萝卜入锅煮熟，加盐、胡椒粉调味，盛出装盘备用。
3. 将红椒丝、香菜段撒在羊肉上即可。

橘香羊肉

材料

羊柳300克，柑橘6个，蒸肉粉100克

调料

盐适量，红油豆瓣酱30克

做法

1. 羊柳洗净切片，用盐腌至入味；柑橘把中间掏空。
2. 羊柳加入红油豆瓣酱翻拌均匀，加入蒸肉粉待用。
3. 把拌好的羊柳放入柑橘中入笼蒸熟，取出装盘即可。

菠萝鸡丁

材料

鸡肉100克，菠萝300克，黄瓜片、鸡蛋液、红椒圈各适量

调料

酱油、料酒、水淀粉、白糖、盐、食用油各适量

做法

1. 菠萝切成两半，一半去皮，用淡盐水略腌，洗净后切小丁待用；另一半菠萝挖去果肉，留作盛器；黄瓜片摆入其中。
2. 鸡肉洗净切丁，加酱油、料酒、鸡蛋液、水淀粉、白糖、盐拌匀上浆。
3. 锅中入油烧热，放入鸡丁炒至八成熟时，放入菠萝丁和红椒圈炒匀至熟，盛入挖空的菠萝中即可。

鸡丝炒百合

材料

鸡脯肉200克，鲜百合1个，金针菜200克

调料

盐3克，黑胡椒末、食用油各适量

做法

1. 鸡脯肉洗净，切丝。
2. 百合洗净剥瓣，去老边和心；金针菜去蒂头，洗净。
3. 油锅加热，先下鸡丝拌炒，续下金针菜、百合，加调料，并加适量水快炒，待百合呈半透明状盛出即可。

彩椒炒鸡柳

材料

鸡胸肉150克，青椒、红椒各50克，鸡蛋液、西红柿、蒜各适量

调料

水淀粉、盐、酱油、食用油、胡椒粉、白糖各适量

做法

1. 青椒、红椒洗净，蒜去皮，均切片；鸡胸肉洗净，去骨后切条；鸡肉用盐、酱油、胡椒粉、鸡蛋液腌渍，入油锅炒至变白。
2. 另起油锅，爆香蒜，放入鸡肉、青椒片、红椒片、酱油、白糖、水炒匀至水分收干，用水淀粉勾芡，盛出以西红柿装饰即可。

鱼香八块鸡

材料
鸡肉150克，红椒50克，姜、葱、蒜各适量

调料
香油6毫升，盐、胡椒粉、食用油各适量，醋5毫升，淀粉5克

做法
1. 鸡肉洗净剁块，汆水；姜、蒜洗净切片；葱洗净切段；红椒洗净切碎。
2. 油锅烧热，下鸡块炸至金黄色后捞起，余油爆香姜、红椒、蒜、葱，下入鸡块，加盐、胡椒粉、醋调味，并用少许淀粉勾芡，淋上香油即可。

贵妃鸡翅

材料
鸡翅300克，姜末10克，葱末10克

调料
盐、酱油、料酒、味精、食用油各适量

做法
1. 将鸡翅洗净加盐、酱油、料酒、姜末、葱末、味精腌入味。
2. 鸡翅入油锅中炸至金黄色。
3. 捞起沥油，摆盘即可。

果酪鸡翅

材料

鸡翅300克，菠萝200克，葡萄100克

调料

盐2克，鸡精1克，淀粉5克，食用油适量

做法

1. 将鸡翅洗净切成小块，加入盐、鸡精腌入味，拍上淀粉，投入锅中炸至金黄色，取出；菠萝洗净切丁；葡萄洗净备用。
2. 锅上火，加入少许油，放入鸡翅、菠萝、葡萄炒入味即可。

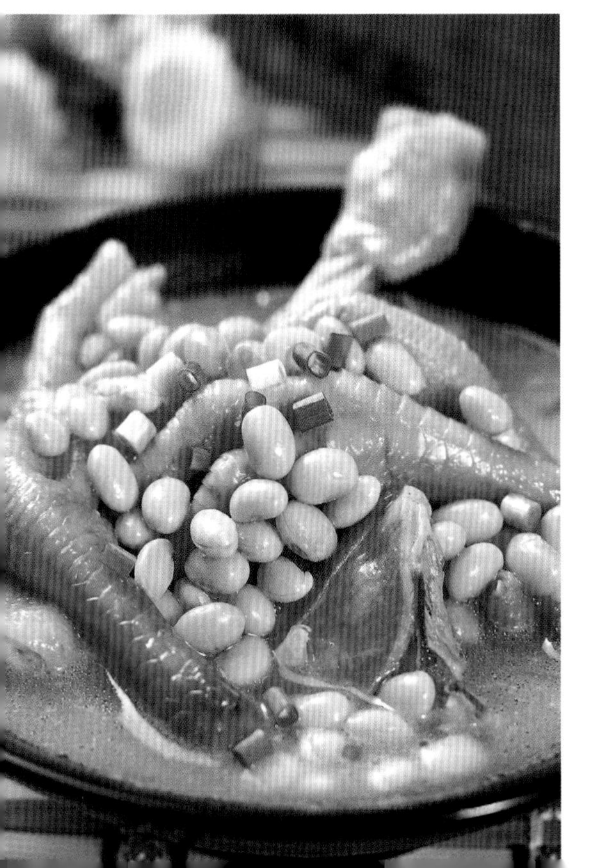

鸡爪煲黄豆

材料

黄豆100克，鸡腿150克，鸡爪150克，姜10克，葱花适量

调料

盐、味精各适量

做法

1. 将黄豆、鸡腿、鸡爪清洗干净，下入开水锅中氽水。
2. 将上述材料移入煲锅，加姜和水，大火烧开后，改小火煲1.5个小时。
3. 最后调入盐、味精，撒上葱花即可。

鲜果炒鸡丁

材料

鸡脯肉	350克
木瓜丁	100克
苹果丁	100克
火龙果	100克
哈密瓜丁	100克
蛋清	适量
葱末	适量
黄瓜片	适量

调料

淀粉	适量
盐	适量
料酒	适量
白糖	适量
食用油	适量

做法

1. 火龙果剖开，挖出果肉切丁。
2. 鸡脯肉洗净切丁，加盐和料酒腌渍入味，再加蛋清和淀粉上浆，用热油将鸡丁滑熟捞出备用。
3. 油烧热，下入葱末爆香，再加入鸡丁和水果丁，放料酒、盐和白糖炒匀，装盘，盘边以黄瓜片和火龙果皮装饰即可。

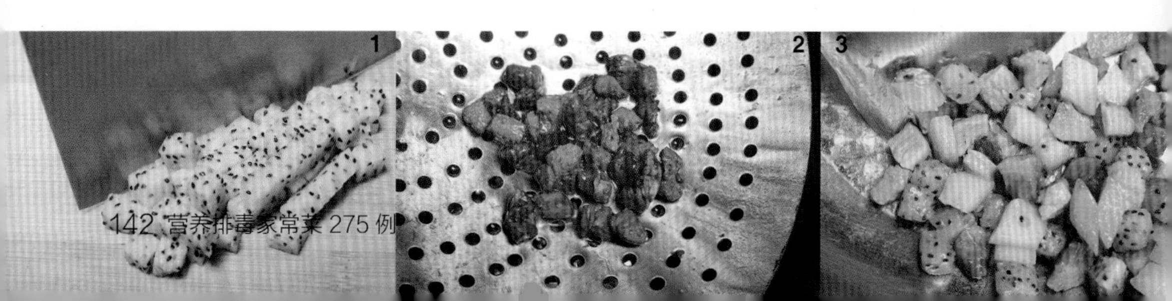

苦瓜煲鹌鹑

材料

鹌鹑250克，苦瓜75克，枸杞子5克，清汤适量，姜片3克

调料

盐适量

做法

1. 将鹌鹑洗净斩块汆水；苦瓜洗净去籽切块；枸杞子洗净备用。
2. 净锅上火倒入清汤，调入盐、姜片，下入鹌鹑、苦瓜、枸杞子，煲至熟即可。

玫瑰蒸乳鸽

材料

玫瑰1朵，乳鸽1只，枸杞子15克，红枣6颗，姜片5克，葱段10克

调料

盐3克，绍酒10毫升

做法

1. 玫瑰撕成瓣状，用清水浸泡漂洗；枸杞子洗净；红枣浸泡去核；乳鸽洗净。
2. 将玫瑰花、枸杞子、乳鸽、红枣、绍酒、姜片、葱段一起放入蒸锅内，加适量清水，用大火蒸35分钟，调入盐即可。

炒白菜

材料

白菜500克，干红椒25克，香菜适量，姜末3克

调料

醋8毫升，料酒5毫升，淀粉5克，白糖、盐、食用油、酱油各适量

做法

1. 将白菜洗净，用刀切成四瓣；干红椒洗净，切成段。
2. 锅中入油烧热，放入干红椒炸至变色，下入姜末及白菜，快炒后加入醋、酱油、白糖、盐、料酒调味。
3. 煸炒至白菜呈金黄色时，用淀粉勾芡，出锅装盘，撒上少许香菜即可。

手撕白菜

材料

白菜200克，豆腐皮100克，熟花生仁、黄瓜、红椒、青椒、香菜各适量

调料

红油、盐、醋、酱油、香油各适量

做法

1. 将白菜洗净，撕成小块；豆腐皮洗净，切小片，入沸水中焯至断生，捞出沥干；青椒、红椒洗净，切菱形块；黄瓜去皮洗净，切滚刀块；香菜洗净切段。
2. 将所有材料和调料置于同一容器，拌匀即可食用。

辣包菜

材料

包菜400克，干红椒2个，葱丝10克，姜丝5克，蒜2瓣

调料

盐3克，香油、味精、食用油各适量

做法

1. 将包菜洗净，切丝；干红椒洗净，切细丝；蒜洗净切末。
2. 将包菜丝放沸水中焯一下，捞出，再放凉开水中过凉，捞出盛盘。
3. 锅置火上，倒入油烧至六成热，放入葱丝、姜丝、干红椒丝、蒜末炒出香味，再加入包菜同炒，最后加盐、味精、香油调味即可。

白菜炒双菇

材料

白菜、香菇、平菇各100克，胡萝卜20克

调料

盐3克，食用油适量

做法

1. 白菜洗净切段；香菇、平菇均洗净切块，焯烫片刻；胡萝卜洗净，去皮切片。
2. 净锅上火，倒油烧热，放入白菜、胡萝卜翻炒；再放入香菇、平菇稍炒，调入盐炒熟即可。

香辣白菜心

材料

白菜心350克，红椒10克

调料

盐3克，酱油8毫升，味精2克，香油10毫升

做法

1. 白菜心洗净切细条，入水焯熟，捞出沥干水分，装盘。
2. 红椒洗净，切末。
3. 将盐、酱油、味精、香油调成味汁，淋在白菜心上，撒上红椒末即可。

芋头娃娃菜

材料

娃娃菜、小芋头各300克，青椒、红椒各适量

调料

盐3克，鸡精2克，淀粉适量

做法

1. 娃娃菜洗净切成6瓣，装盘；小芋头去皮洗净，摆在娃娃菜周围。
2. 青椒、红椒洗净，红椒部分切丝，撒在娃娃菜上；剩余红椒连同青椒切丁，摆在小芋头上。
3. 淀粉加水，调入盐和鸡精，搅匀浇在盘中，入锅蒸15分钟即可。

粉丝蒸娃娃菜

材料

粉丝50克，娃娃菜200克，葱花10克，蒜30克，葱白丝、黄椒丝、红椒丝、鸡汤各适量

调料

盐3克，香油、酱油、食用油各适量

做法

1. 粉丝泡软，洗净，铺在盘底；娃娃菜洗净，切成长短一致的段，放在粉丝上；蒜去皮洗净，切末，放在娃娃菜上。
2. 起油锅，将盐、鸡汤、香油、酱油调成味汁，淋在娃娃菜上，入蒸锅蒸熟后取出。
3. 撒上葱花，再用葱白丝、黄椒丝、红椒丝点缀即可。

双菇上海青

材料

皮蛋100克，上海青200克，香菇、草菇各50克，蒜5克，枸杞子5克，高汤400毫升

调料

盐3克

做法

1. 皮蛋去壳切块；香菇、草菇分别洗净，切块；枸杞子洗净；蒜洗净剁碎。
2. 锅中倒入高汤加热，上海青洗净，放入高汤中烫熟后捞出，摆放入盘。
3. 继续往汤中倒入皮蛋、香菇、草菇、枸杞子，煮熟后加盐和蒜调味，出锅倒在上海青中间即可。

莴笋拌西红柿

材料

莴笋200克，西红柿150克，干红椒2个

调料

白糖、醋、味精、盐、食用油各适量

做法

1. 莴笋去皮洗净，和西红柿一起切小块。
2. 将白糖、醋烧溶化后浇在西红柿、莴笋块上；干红椒洗净切成细丝，入油锅炸成紫红色。
3. 将辣椒油浇在西红柿莴笋上，加入味精、盐拌匀即可。

蜂蜜西红柿

材料

西红柿1个，香菜适量

调料

蜂蜜适量

做法

1. 西红柿洗净，用刀在表面轻划，分切成几等份，但不切断。
2. 将西红柿入沸水锅中稍烫后捞出。
3. 沸水中加入蜂蜜煮开；将煮好的蜂蜜汁淋在西红柿上，放上洗净的香菜装饰即可。

西红柿盅

材料

西红柿2个，西蓝花200克，玉米笋100克

调料

盐、味精、香油各适量

做法

1. 西红柿洗净，在蒂部切开，挖去肉，西红柿盅留用，西红柿肉切丁；西蓝花掰成小朵，洗净；玉米笋洗净切条，入沸水中焯熟捞出。
2. 将西红柿丁、西蓝花、玉米笋装入盘中加盐、味精拌匀，加入少许香油，再倒入西红柿盅中即可。

凉拌竹笋尖

材料

竹笋尖350克，红椒20克

调料

盐3克，味精1克，醋10毫升

做法

1. 竹笋尖去皮，洗净，切粗丝，入开水锅中焯水后，捞出，沥干水分装盘。
2. 红椒洗净，切细丝。
3. 将红椒丝、醋、盐、味精加入竹笋尖中，拌匀即可。

红油竹笋

材料

竹笋300克

调料

红油10毫升，盐5克，味精1克

做法

1. 竹笋洗净后，切成滚刀斜块。
2. 将切好的笋块入沸水中稍焯，捞出，盛入盘内。
3. 淋入红油，加盐、味精一起拌匀即可。

冬瓜双豆

材料

冬瓜200克，黄豆、青豆各50克，胡萝卜30克

调料

盐4克，酱油2毫升，味精1克，鸡精1克，食用油适量

做法

1. 冬瓜去皮，洗净，切粒状；胡萝卜洗净切粒状。
2. 将所有材料入水中稍焯烫，捞出沥水。
3. 起锅入油，加入冬瓜、青豆、黄豆、胡萝卜，加盐、味精、酱油和鸡精，炒熟起锅即可。

拌山野蕨菜

材料

东北山野蕨菜200克，蒜末5克

调料

盐1.5克，醋2毫升，酱油2毫升，味精2克，香油3毫升，白糖5克

做法

1. 将山野蕨菜提前浸泡24个小时后洗净，用开水焯一下。
2. 待凉后，加入盐、味精、白糖、醋一起腌30分钟。
3. 再加入蒜末和其余调料拌匀即可。

清炒芥蓝

材料

芥蓝300克，胡萝卜30克

调料

盐3克，鸡精1克，食用油适量

做法

1. 将芥蓝洗净，沥干待用；胡萝卜洗净，切成片。
2. 锅中注油烧热，放入芥蓝快速翻炒，再加入胡萝卜片一起炒至熟。
3. 加盐和鸡精调味，装盘即可。

土豆烩芥蓝

材料

土豆200克，芥蓝100克，姜片适量

调料

味精1克，盐3克，食用油适量

做法

1. 土豆削皮，洗净切成小块，入热油锅稍炒片刻。
2. 芥蓝摘去老叶，洗净切段。
3. 炒锅上火，入油烧热，下入土豆块、芥蓝、姜片炒熟，加盐、味精调味即可。

芹蜇炒鸡丝

材料

鸡胸肉300克，海蜇皮150克，芹菜100克，姜、红椒丝各10克

调料

盐3克，酱油、料酒、淀粉、食用油各适量

做法

1. 芹菜洗净切段；海蜇皮洗净切丝；姜去皮洗净切末；鸡胸肉洗净切条，加酱油、料酒、淀粉拌匀。
2. 鸡丝下油锅炒至八分熟，加入海蜇皮、芹菜、红椒丝及姜炒匀，再加盐、酱油炒匀即可。

芥蓝拌虾球

材料

鲜虾仁200克，芥蓝100克，白果50克

调料

盐2克，鸡精2克，香油10毫升

做法

1. 鲜虾仁洗净备用；芥蓝取梗洗净，在两端切花刀；白果洗净备用。
2. 锅入适量水烧开，分别将鲜虾仁、芥蓝、白果汆熟，捞出沥干水分，放入容器中，用盐、鸡精、香油搅拌均匀，装盘即可。

红椒炒西蓝花

材料

西蓝花300克，红椒10克

调料

盐3克，鸡精2克，醋、食用油各适量

做法

1. 西蓝花洗净，掰成小朵；红椒去蒂洗净，切圈。
2. 锅中注入水烧开，放入西蓝花焯烫片刻，捞出沥干备用。
3. 锅中下油烧热，放入红椒爆香后，放入西蓝花一起炒，加盐、鸡精、醋调味，炒熟后装盘即可。

四宝西蓝花

材料

西蓝花100克，鸣门卷、虾仁、滑子菇各50克，姜片适量

调料

盐、味精、醋、香油各适量

做法

1. 将鸣门卷洗净，切片；西蓝花洗净，掰成朵；虾仁洗净；滑子菇洗净。
2. 将上述材料分别汆水后，捞出混合。
3. 调入盐、味精、醋、姜片拌匀，淋上香油即可。

冬笋鸡丁

材料

鸡脯肉300克，冬笋80克，红椒片、青椒片、葱末、姜末各适量

调料

料酒、盐、味精、香油、食用油各适量

做法

1. 将鸡肉和冬笋洗净，均切成丁，入沸水中汆烫，捞出控水待用。
2. 锅上火，加油烧热，下葱末和姜末爆香，加入红椒片、青椒片、鸡丁和笋丁煸炒。
3. 再烹入料酒，加盐、味精炒熟，淋上香油即可。

家常鸭血

材料

鸭血300克，青豆、黑木耳、红椒、笋各10克

调料

豆瓣酱、白糖、花椒油、淀粉、食用油各适量

做法

1. 将鸭血洗净切丁汆水，沥干；青豆、黑木耳均洗净；红椒、笋均洗净，切块。
2. 锅置火上，加入油烧热，下豆瓣酱、红椒煸香。
3. 放入鸭血、青豆、黑木耳、笋和白糖烧至入味，用淀粉勾芡，淋入花椒油即可。

草菇炒芥蓝

材料

草菇200克，芥蓝250克

调料

盐2克，酱油、蚝油、食用油各适量

做法

1. 将草菇洗净，对半切开；芥蓝削去老、硬的外皮，洗净。
2. 锅中烧水，放入草菇、芥蓝焯烫，捞起沥干备用。
3. 另起锅，倒油烧热，放入草菇、芥蓝，调入盐、酱油、蚝油，炒匀即可。

白菜汤

材料

白菜200克

调料

盐、味精、香油各适量

做法

1. 将白菜洗净，掰开。
2. 锅中放水，放入白菜，用小火煮10分钟。
3. 出锅时放入盐、味精，淋上香油即可。

苦瓜菠萝鸡汤

材料

菠萝150克，苦瓜100克，鸡腿肉75克，红椒粒适量

调料

盐3克

做法

1. 将菠萝去皮洗净切块；苦瓜去籽洗净，切块；鸡腿肉洗净斩块，氽水备用。
2. 净锅上火倒入水，下入菠萝、苦瓜、鸡块煲至熟，调入盐，撒上红椒粒即可。

清炖鸡汤

材料

鸡肉200克，胡萝卜150克，莲子30克，葱末、姜末各6克

调料

盐适量，味精1克，食用油适量

做法

1. 将鸡肉洗净，斩块汆水；胡萝卜去皮洗净切块；莲子洗净备用。
2. 净锅上火，倒入油，将部分葱末、姜末炝香，倒入水，加入鸡肉、胡萝卜、莲子，调入盐、味精，煲至熟，撒上剩余的葱末即可。

甘蔗鸡骨汤

材料

甘蔗200克，苦瓜200克，鸡胸骨1副

调料

盐3克

做法

1. 鸡胸骨放入滚水中汆烫，捞起冲净；再置入干净的锅中，加入800毫升清水及洗净去皮切小段的甘蔗，先以大火煮沸，再转小火续煮1个小时。
2. 苦瓜洗净切半，去除籽和白色薄膜，再切块，放入锅中续煮30分钟。
3. 加入盐拌匀即可。

鲜奶鱼片汤

材料

生鱼肉200克，白菜叶120克，鲜奶、葱段、枸杞子各适量

调料

盐3克，鸡精2克

做法

1. 将生鱼肉洗净，切薄片；白菜叶洗净。
2. 锅上火倒入鲜奶，下入鱼片、白菜叶、枸杞子煲至熟，加入盐、鸡精调味，撒上葱段即可。

淡菜三蔬羹

材料

大米80克，淡菜、芹菜、胡萝卜、红椒各10克

调料

盐3克，味精2克，胡椒粉适量

做法

1. 将大米洗净，用清水浸泡；淡菜用温水泡发；芹菜、胡萝卜、红椒洗净后均切丁。
2. 锅置于火上，注入清水，放入大米煮至五成熟。
3. 放入淡菜、芹菜、胡萝卜、红椒煮至浓稠，加盐、味精、胡椒粉调匀即可。

鸡蛋醪糟羹

材料

醪糟、大米各20克，鸡蛋1个，红枣5颗

调料

白糖5克

做法

1. 将大米淘洗干净，浸泡片刻；鸡蛋煮熟切碎；红枣洗净。
2. 锅置火上，注入清水，放入大米、醪糟煮至七成熟。
3. 放入红枣，煮至米粒开花；放入鸡蛋，加白糖调匀即可。

木瓜炖鹌鹑蛋

材料

木瓜1个，鹌鹑蛋4个，红枣、银耳各10克

调料

冰糖20克

做法

1. 将银耳泡发洗净撕碎；鹌鹑蛋煮熟，去壳洗净。
2. 木瓜洗净，中间挖洞，去籽，放入冰糖、红枣、鹌鹑蛋、银耳，装入盘。
3. 蒸锅上火，把盘放入蒸锅内，蒸20分钟至木瓜软熟，取出即可。

佛手瓜猪蹄汤

材料

佛手瓜200克，猪蹄半只，枸杞子2克

调料

盐3克，鸡精2克

做法

1. 将佛手瓜洗净切块；猪蹄洗净斩块、汆水洗净备用。
2. 净锅上火倒入水，调入盐，下入猪蹄煲至快熟时，下入佛手瓜和枸杞子续煲至熟，调入鸡精即可。

木瓜猪蹄汤

材料

猪蹄1个，木瓜175克，豆苗少许

调料

盐3克

做法

1. 将猪蹄洗净切块，汆水；木瓜去皮、籽，切块备用；豆苗洗净备用。
2. 净锅上火倒入水，下入猪蹄煲至快熟时再下入木瓜煲至熟，加盐调味，放上烫熟的豆苗装饰即可。

品质悦读｜畅享生活